やりきれるから自信がつく！

✓ 1日1枚の勉強で, 学

◎目標時間に合わせ, 無理のない量の〜〜〜〜〜〜〜〜ているので,
「1日1枚」やりきることができます。

◎解説が丁寧なので, まだ学校で習っていない内容でも勉強を進めることができます。

✓ すべての学習の土台となる「基礎力」が身につく！

◎スモールステップで構成され, 1冊の中でも繰り返し練習していくので,
確実に「基礎力」を身につけることができます。「基礎」が身につくことで, 発
展的な内容に進むことができるのです。

◎教科書に沿っているので, 授業の進度に合わせて使うこともできます。

✓ 勉強管理アプリの活用で, 楽しく勉強できる！

◎設定した勉強時間にアラームが鳴るので, 学習習慣がしっかりと身につきます。

◎時間や点数などを登録していくと, 成績がグラフ化されたり,
賞状をもらえたりするので, 達成感を得られます。

◎勉強をがんばると, キャラクターとコミュニケーションを
取ることができるので, 日々のモチベーションが上がります。

① 1日1枚，集中して解きましょう。

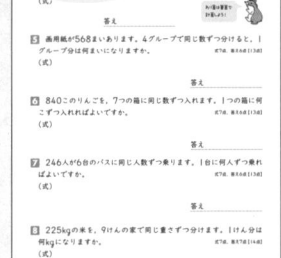
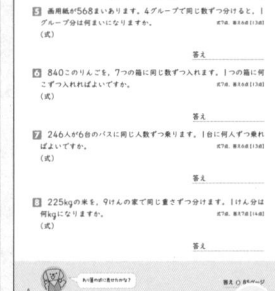
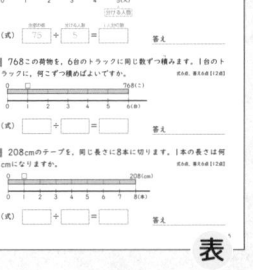

表　　裏

◎ 1回分は，1枚（表と裏）です。
1枚ずつはがして使うこともできます。

◎ 目標時間を意識して解きましょう。
アプリのストップウォッチなどで，かかった時間をはかるとよいです。

・巻末の「まとめテスト」で，この本の内容が身についたか確認できます。

② 答え合わせをしましょう。

・本の最後に，「答えとアドバイス」があります。

・答え合わせをして，点数をつけましょう。

> できなかった問題を解き直すと，より力がつくよ！

③ アプリに得点を登録しましょう。

・アプリに得点を登録すると，成績がグラフ化されます。
・勉強すると，キャラクターが育ちます。

♪毎日のドリル♪ 勉強管理アプリ

「毎日のドリル」シリーズ専用、スマートフォン・タブレットで使える無料アプリです。「毎日のドリル」シリーズ等を1つのアプリでシリーズすべてを管理でき、学習習慣が楽しく身につきます。

① 「毎日のドリル」の学習を徹底サポート！

- 毎日の勉強タイムをお知らせする[タイマー]
- かかった時間を計る[ストップウォッチ]
- 勉強した日を記録する[カレンダー]
- 入力した得点を[グラフ化]

いったん ていし 目標時間を意識しよう！

これは やるきが でちゃうぞ～！

② キャラクターと楽しく学べる！

好きなキャラクターを選ぶことができ、ターが育ち、「ひみつ」や「ワザ」が増えます。

③ 1冊終わると、ごほうびがもらえる！

ドリルが1冊終わるごとに、賞状やメダル、称号がもらえます。

④ 漢字と英単語のゲームにもチャレンジ！

ゲームで、どこでも手軽に、楽しく勉強できます。漢字は学年別、英単語はレベル別に構成されており、ドリルで勉強した内容の確認にもなります。

自己ベスト更新を目指そう！

アプリの無料ダウンロードはこちらから！

https://gakken-ep.jp/extra/maidori/

【推奨環境】
■各種Android端末：対応OS Android6.0以上
■各種iOS（iPadOS）端末：対応OS iOS10以上

※対応OSやや対応機種については、各ストアでご確認ください。
※対応OSであっても、Intel CPU（x86 Atom）搭載の端末では正しく動作しない場合があります。
※お客様のネット環境および携帯端末にドリルアプリをご利用できない場合は当社は責任を負いかねます。
また、事前の予告なく、サービスの提供を中止する場合があります。ご理解、ご了承いただきますよう、お願いいたします。

1 けたでわるわり算①

1 75本のえん筆を，5人で同じ数ずつ分けると，1人分は何本になりますか。

式5点，答え5点【10点】

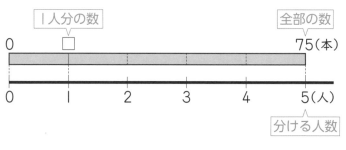

```
1人分の数          全部の数
0     □            75(本)
0  1  2  3  4  5(人)
     分ける人数
```

（式）

全部の数		分ける人数		1人分の数
75	÷	5	=	

答え _____

2 768この荷物を，6台のトラックに同じ数ずつ積みます。1台のトラックに，何こずつ積めばよいですか。

式6点，答え6点【12点】

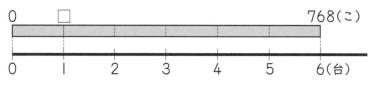

```
0    □              768(こ)
0  1  2  3  4  5  6(台)
```

（式） ☐ ÷ ☐ = ☐

答え _____

3 208cmのテープを，同じ長さに8本に切ります。1本の長さは何cmになりますか。

式6点，答え6点【12点】

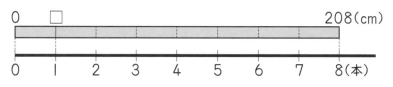

```
0   □                208(cm)
0  1  2  3  4  5  6  7  8(本)
```

（式） ☐ ÷ ☐ = ☐

答え _____

4 みかんが84こあります。3人で同じ数ずつ分けると，1人分は何こ
になりますか。

式7点，答え6点【13点】

（式）

あり算は筆算で
計算しよう！

答え　＿＿＿＿＿＿＿＿＿＿＿

5 画用紙が568まいあります。4グループで同じ数ずつ分けると，1
グループ分は何まいになりますか。

式7点，答え6点【13点】

（式）

答え　＿＿＿＿＿＿＿＿＿＿＿

6 840このりんごを，7つの箱に同じ数ずつ入れます。1つの箱に何
こずつ入れればよいですか。

式7点，答え6点【13点】

（式）

答え　＿＿＿＿＿＿＿＿＿＿＿

7 246人が6台のバスに同じ人数ずつ乗ります。1台に何人ずつ乗れ
ばよいですか。

式7点，答え6点【13点】

（式）

答え　＿＿＿＿＿＿＿＿＿＿＿

8 225kgの米を，9けんの家で同じ重さずつ分けます。1けん分は
何kgになりますか。

式7点，答え7点【14点】

（式）

答え　＿＿＿＿＿＿＿＿＿＿＿

あり算の式に表せたかな？

答え ▶ 85ページ

1けたでわるわり算②

1 色紙が48まいあります。1人に3まいずつ配ると，何人に配れますか。

式5点，答え5点【10点】

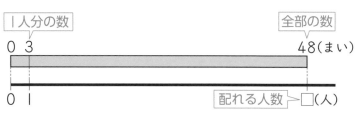

（式）

全部の数		1人分の数		配れる人数
48	÷	3	=	

答え ＿＿＿＿＿＿

2 市場で，625ひきの魚を1箱に5ひきずつ入れます。魚を全部入れると，何箱になりますか。

式6点，答え6点【12点】

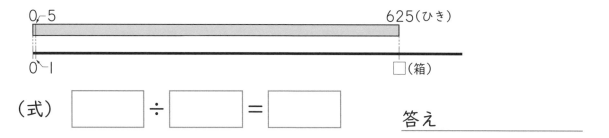

（式） ☐ ÷ ☐ = ☐

答え ＿＿＿＿＿＿

3 長さが192cmのテープがあります。このテープから，長さが4cmのテープは何本取れますか。

式6点，答え6点【12点】

（式） ☐ ÷ ☐ = ☐

答え ＿＿＿＿＿＿

4 96ページのドリルがあります。1日に6ページずつすると，全ページ終えるのに何日かかりますか。

式7点，答え6点【13点】

（式）

答え ＿＿＿＿＿＿＿＿＿＿

5 840本の花を，8本ずつの花束(はなたば)にします。花束は何束できますか。

式7点，答え6点【13点】

（式）

答え ＿＿＿＿＿＿＿＿＿＿

6 チョコレートを3こずつふくろに入れます。チョコレートが657こあると，何ふくろできますか。

式7点，答え6点【13点】

（式）

答え ＿＿＿＿＿＿＿＿＿＿

7 216人の子どもが，長いす1きゃくに6人ずつすわっていきます。みんながすわるには，長いすは何きゃくいりますか。

式7点，答え6点【13点】

（式）

答え ＿＿＿＿＿＿＿＿＿＿

8 けんとさんは，320円持っています。1まい8円の画用紙は何まい買えますか。

式7点，答え7点【14点】

（式）

答え ＿＿＿＿＿＿＿＿＿＿

アプリに，得点(とくてん)を登録(とうろく)しよう！

答え ▶ 85ページ

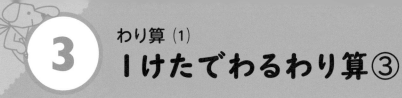

3 わり算 (1)
1けたでわるわり算③

月　　日　　**10** 分
得点

点

1 50まいの画用紙を，3人で同じ数ずつ分けます。
1人分は何まいで，何まいあまりますか。

式7点，答え7点【14点】

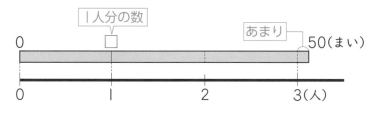

（式）　$50 \div 3 =$ 　　あまり

答え　1人分は 　　まいで，　　まいあまる。

2 長さが78cmのテープがあります。このテープから，長さが5cm
のテープは何本取れて，何cmあまりますか。

式7点，答え7点【14点】

（式）　　　 $\div$ 　　 $=$ 　　あまり

答え 　　本取れて，　　cmあまる。

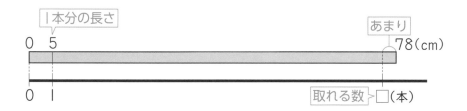

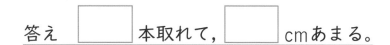

3 67このみかんを，4箱に同じ数ずつ入れます。1箱分は何こで，何こあまりますか。

式9点，答え9点【18点】

（式）

あまりはある数より
小さくなっているかな？

答え _____

4 えん筆が760本あります。6つの組で同じ数ずつ分けると，1組分は何本で，何本あまりますか。

式9点，答え9点【18点】

（式）

答え _____

5 95この種を，1この植木ばちに7こずつまいていきます。種は何この植木ばちにまけて，何こあまりますか。

式9点，答え9点【18点】

（式）

答え _____

6 りくさんは155円持っています。1こ9円のあめを買うと，何こ買えて，お金はいくら残りますか。

式9点，答え9点【18点】

（式）

答え _____

答えの単位にも気をつけよう！

答え ▶ 85ページ

4 わり算 (1)

1けたでわるわり算④

1 ボールが44こあります。1人が3こずつ運ぶとすると，全部のボールを運ぶには何人いればよいですか。

式6点，答え6点【12点】

あまり
44(こ)

0　3

0　1　　　　　　　　　　　　□(人)

（式）

全部の数		1人分の数		人数		あまる ボールの数	
44	÷	3	=		あまり		← あまったボールを 運ぶ人が，もう1人 いります。

答え　　　　　人

2 7cmのテープを使って，かざりを1こ作れます。テープが全部で124cmあるとき，かざりは何こ作れますか。

式7点，答え6点【13点】

あまり
124(cm)

0　7

0　1　　　　　　　　　　　　□(こ)

（式）

全部の長さ		1こ分の長さ		かざりの数		あまる テープの長さ	
	÷		=		あまり		← あまったテープ では，かざりは 作れません。

答え　　　　　こ

3 6人すわれる長いすがあります。81人がみんなすわるには，長いすは何きゃくいりますか。

あまりの人がすわるための長いすがもう1きゃくいるね。

式8点，答え7点【15点】

（式）

答え _____

4 画用紙1まいから，カードを4まい作ります。カードを87まい作るには，画用紙は何まいあればよいですか。 式8点，答え7点【15点】

（式）

答え _____

5 126ページの本があります。1日に8ページずつ読むとすると，全部読み終わるのに何日かかりますか。 式8点，答え7点【15点】

（式）

答え _____

6 はばが49cmの本だなに，あつさが3cmの本をならべていきます。本は何さつならべられますか。 式8点，答え7点【15点】

（式）

答え _____

7 お金が920円あります。1まい9円の画用紙は，何まい買えますか。

（式）

式8点，答え7点【15点】

答え _____

あまりをどうあつかうか分かったかな？

答え ▶ 86ページ

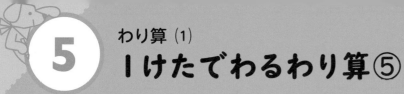

5 わり算 (1)
1けたでわるわり算⑤

1 池に，ふなが42ひき，こいが7ひきいます。ふなの数はこいの数の何倍ですか。

式6点，答え6点【12点】

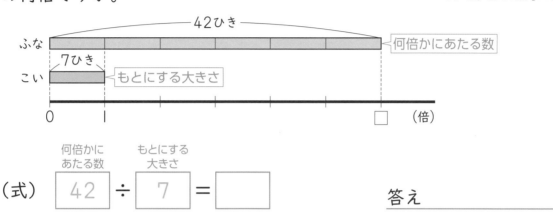

（式）
何倍にあたる数		もとにする大きさ		
42	÷	7	=	

答え _____

2 赤いテープの長さは青いテープの長さの5倍で，65cmです。青いテープの長さは何cmですか。

式6点，答え6点【12点】

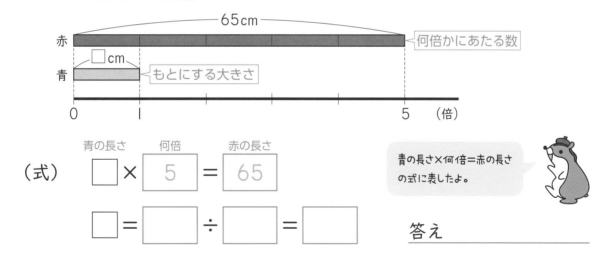

（式）
青の長さ		何倍		赤の長さ
	×	5	=	65

	=		÷		=	

青の長さ×何倍＝赤の長さの式に表したよ。

答え _____

3 3こで70円のあめがあります。このあめ12この代金はいくらですか。

式6点，答え6点【12点】

（式）
12	÷	3	=	

← あめの数が何倍になるかを求める

	×		=	

答え _____

4 ふみやさんは，カードを9まい持っています。お兄さんは54まい持っています。お兄さんのカードの数は，ふみやさんのカードの数の何倍ですか。

式8点，答え8点【16点】

（式）

答え _____

5 花だんにチューリップがさいています。黄色いチューリップの数は，赤いチューリップの数の3倍で，75本さいています。赤いチューリップは何本さいていますか。

式8点，答え8点【16点】

（式）

答え _____

6 りおさんの家から公園までの道のりは3600mで，家から学校までの道のりの8倍です。家から学校までの道のりは何mですか。

式8点，答え8点【16点】

（式）

答え _____

7 6本で400円のかんジュースがあります。このかんジュース30本の代金はいくらですか。

式8点，答え8点【16点】

（式）

答え _____

わり算は倍の計算でも使うね。

答え ▶ 86ページ

1 子どもが90人います。　　　　　　　　　　　　式5点，答え5点【20点】

① 同じ人数ずつ6つのはんに分けると，1つのはんの人数は何人になりますか。

（式）

答え _____

② 1つのはんの人数を5人にすると，はんはいくつできますか。

（式）

答え _____

2 バラの花が86本あります。1人に4本ずつ配ると，何人に配れて，何本あまりますか。　　　　　　　　式7点，答え6点【13点】

（式）

答えの単位に気をつけてね。

答え _____

3 みさきさんの妹の年令は7才で，おじいさんの年令は84才です。おじいさんの年令は，みさきさんの妹の年令の何倍ですか。

式7点，答え6点【13点】

（式）

答え _____

4 　290このたまごを，1パックに6こずつ入れていきます。6こ入りのパックは何パックできますか。

　　　　　　　　　　　　　　　　　　　　　　　　式7点，答え6点【13点】

（式）

　　　　　　　　　　　　　　　　　　答え _____

5 　水そうに水が300L入っています。1回に7Lずつくみ出すと，何回で全部の水をくみ出せますか。

　　　　　　　　　　　　　　　　　　　　　　　　式7点，答え6点【13点】

（式）

あまった水をくみ出す回も必要だね。

　　　　　　　　　　　　　　　　　　答え _____

6 　同じノートを7さつ買って1500円はらったら，おつりが114円でした。ノート1さつのねだんはいくらですか。

　　　　　　　　　　　　　　　　　　　　　　　　式8点，答え6点【14点】

（式）

　　　　　　　　　　　　　　　　　　答え _____

7 　さとしさんの家からデパートまでかかる時間は，家から駅までかかる時間の4倍で，52分です。さとしさんの家から駅までかかる時間は，何分ですか。

　　　　　　　　　　　　　　　　　　　　　　　　式8点，答え6点【14点】

（式）

　　　　　　　　　　　　　　　　　　答え _____

答えのたしかめもしようね。

答え ▶ 87ページ

1 色紙が78まいあります。

式5点, 答え5点【20点】

① 26人で同じ数ずつ分けると, 1人分は何まいになりますか。

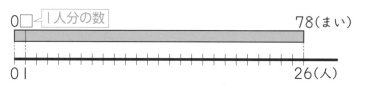

商の見当をつけて計算しよう!

（式）

全部の数		分ける人数		1人分の数
78	÷	26	=	

答え _____

② 1人に13まいずつ分けると, 何人に分けられますか。

（式）

全部の数		1人分の数		分けられる人数
78	÷	13	=	

答え _____

2 広場に, 子どもが64人, おとなが16人います。子どもの人数は, おとなの人数の何倍ですか。

式5点, 答え5点【10点】

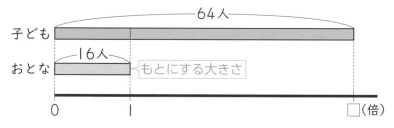

（式）

何倍かにあたる数		もとにする大きさ		何倍
64	÷	16	=	

答え _____

3 90cmのテープを，同じ長さに15本に切ります。1本の長さは何cm になりますか。

式7点，答え7点【14点】

（式）

答え _____

4 126本の花を，1この花びんに18本ずつ入れます。花びんは何こ いりますか。

式7点，答え7点【14点】

（式）

答え _____

5 1こ25円のおかしを何こか買ったら，代金は150円でした。おか しを何こ買いましたか。

式7点，答え7点【14点】

（式）

答え _____

6 かきが52こ，みかんが13こあります。かきの数はみかんの数の何 倍ですか。

式7点，答え7点【14点】

（式）

答え _____

7 動物園にいるサルの数は，ゾウの数の14 倍で，70ぴきいるそうです。ゾウは何頭い ますか。

式7点，答え7点【14点】

（式）

答え _____

わり算の筆算もていねいにしようね！

答え ▶ 87ページ

2けたでわるわり算②

1 クッキーが80こあります。15人で同じ数ずつ分けると，1人分は何こで，何こあまりますか。

式6点，答え6点【12点】

（式）　　全部の数　　分ける人数　　1人分の数　　　あまった
　　　　　　　　　　　　　　　　　　　　　　　　クッキーの数
　　　　　　80　÷　15　＝　□　あまり　□

答え　1人分は □ こで， □ こあまる。

2 荷物が79こあります。1回に18こずつ運ぶと，全部運び終わるには，何回かかりますか。

式8点，答え8点【16点】

（式）　　全部の数　　1回分の数　　運ぶ回数　　　あまった荷物の数
　　　　　　79　÷　18　＝　□　あまり　□　←あまった荷物を運ぶのに，
　　　　　　　　　　　　　　　　　　　　　　　　　もう1回かかります。

答え　□ 回

3 せっけんが65こあります。1箱に12こずつ入れると，何箱できて，何こあまりますか。

式9点，答え9点【18点】

（式）

答え _____

4 子どもが130人います。同じ人数ずつ18の組に分けると，1組（ひとくみ）の人数は何人で，何人あまりますか。

式9点，答え9点【18点】

（式）

答え _____

5 1まい23円のクッキーを買います。200円では何まい買えて，いくらあまりますか。

式9点，答え9点【18点】

（式）

答え _____

6 会場にいすが何列かならんでいます。1列に16人すわれます。86人がすわると，何列使うことになりますか。

式9点，答え9点【18点】

（式）

あまりの人がすわるために
いすがもう1列いるね。

答え _____

答えは正しく書けたかな？

答え ▶ 87ページ

9 わり算 (2)
2けたでわるわり算③

1 長さが420cmのリボンがあります。　　　式5点，答え5点【20点】

① 同じ長さの28本に切ると，1本の長さは何cmになりますか。

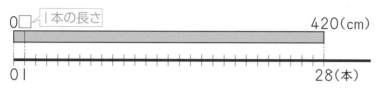

（式）

全部の長さ		分ける数		1本の長さ
420	÷	28	=	

答え _____

② 35cmずつ切っていくと，何本に分けられますか。

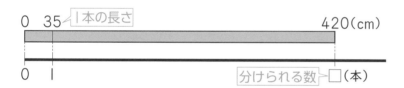

（式）

全部の長さ		1本の長さ		分けられる数
420	÷	35	=	

答え _____

2 かなえさんは540円持っています。妹は45円持っています。かなえさんの金がくは，妹の金がくの何倍ですか。

式5点，答え5点【10点】

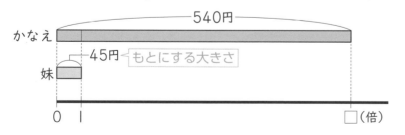

（式）

何倍かに あたる数		もとにする 大きさ		何倍
540	÷	45	=	

答え _____

3 くりが864こあります。27ふくろに同じ数ずつ分けて入れると，1ふくろは何こになりますか。

式7点，答え7点【14点】

（式）

あり算の筆算はていねいにしよう！

答え _____

4 1こ25gのねん土玉を作ります。ねん土が700gあるとき，ねん土玉は何こできますか。

式7点，答え7点【14点】

（式）

答え _____

5 同じねだんのビスケットを36まい買ったら，900円でした。ビスケット1まいのねだんはいくらですか。

式7点，答え7点【14点】

（式）

答え _____

6 18ページの絵本と，288ページの図かんがあります。図かんのページ数は，絵本のページ数の何倍ですか。

式7点，答え7点【14点】

（式）

答え _____

7 ケーキのねだんは，ガムのねだんの24倍で，480円です。ガムのねだんはいくらですか。

式7点，答え7点【14点】

（式）

答え _____

商は十の位からたったかな？

答え ▶ 88ページ

1 りんごが510こあります。19箱に同じ数ず
つ入れると，1箱は何こで，何こあまりますか。

式7点，答え7点【14点】

（式）

全部の数		箱の数		1箱分の数		あまった数
510	÷	19	=		あまり	

答え　1箱分は [　　　] こで，[　　　] こあまる。

2 260dLの水を，18dL入るびんに入れていきます。水を全部入れ
るには，びんは何本あればよいですか。

式7点，答え7点【14点】

（式）

全部のかさ		1本分のかさ		びんの数		あまった水のかさ
	÷		=		あまり	

←あまった水を入れる
びんがもう1本
いります。

答え [　　　] 本

3 長さが670cmのはり金があります。このはり金から，25cmのはり金は何本取れて，何cmあまりますか。

式9点，答え9点【18点】

（式）

答え _____

4 いすが652きゃくあります。1列に14きゃくずつならべると，何列できて，何きゃくあまりますか。

式9点，答え9点【18点】

（式）

答え _____

5 720まいのあつ紙を，同じまい数ずつ35人に分けます。1人分は何まいで，何まいあまりますか。

式9点，答え9点【18点】

（式）

答え _____

6 1台に42人乗れるバスがあります。620人がみんな乗るには，バスは何台あればよいですか。

式9点，答え9点【18点】

あまりの数の人も乗るから，バスはもう1台いるね。

（式）

答え _____

あまりのあるわり算はマスターしたね！

答え ▶ 88ページ

11 大きな数のわり算

1 同じねだんのケーキを12こ買ったら，代金は2940円でした。ケーキ1このねだんはいくらですか。

式6点，答え6点【12点】

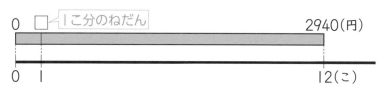

0　□｜1こ分のねだん　　　　　　2940(円)

0　1　　　　　　　　　　　12(こ)

（式）

代金		こ数		1このねだん
2940	÷	12	=	

答え _____

2 コピー用紙が864まいあります。

式6点，答え6点【24点】

① 1箱に144まいずつ入れると，何箱になりますか。

（式）

全部の数		1箱の数		箱の数
	÷		=	

答え _____

② 1箱に120まいずつ入れると，何箱できて，何まいあまりますか。

（式）

全部の数		1箱の数		箱の数		
	÷		=		あまり	

答え [　　] 箱できて，[　　] まいあまる。

3 同じねだんのノートを16さつ買って，3000円出したら，おつりは120円でした。ノート1さつのねだんはいくらですか。

式8点，答え8点【16点】

（式）

まず，ノート16さつ分の代金を求めよう。

答え _____

4 倉庫に荷物が2500こ入っています。1回に48こずつ運び出すと，全部運び終わるには，何回かかりますか。

式8点，答え8点【16点】

（式）

答え _____

5 かんなさんはケーキ屋で1こ148円のシュークリームを買います。900円で，シュークリームは何こ買えますか。

式8点，答え8点【16点】

（式）

答え _____

6 1850mのロープを125mずつ束にしていきます。125mの束は何本できて，何mあまりますか。

式8点，答え8点【16点】

（式）

答え _____

大きな数の計算も筆算のしかたはこれまでと同じだね。

答え ▶ 88ページ

⑫ 2けたでわるわり算の練習

1 みかんが84こあります。　　　式5点, 答え5点【20点】

① 12こずつふくろに入れると, 何ふくろでき
ますか。
（式）

答え _____

② 21ふくろに同じ数ずつ入れると, 1ふくろ分は何こになりますか。
（式）

答え _____

2 あんパン1このねだんは98円です。500円では何こ買えて, いく
らあまりますか。　　　式6点, 答え5点【11点】
（式）

答え _____

3 さとみさんの家から公園までの道のりは57m, 家から駅までの道
のりは456mです。さとみさんの家から駅までの道のりは, 公園ま
での道のりの何倍ですか。　　　式6点, 答え6点【12点】
（式）

家から公園までの道のりをもとにするよ。

答え _____

4 270cmのテープを18cmずつ切ります。18cmのテープは何本取れますか。

式6点，答え5点【11点】

（式）

答え _____

5 630本の花を，24本ずつの花束にします。24本ずつの花束は，何束できますか。

式6点，答え5点【11点】

（式）

答え _____

6 232ページの本があります。1日に16ページずつ読むとすると，読み終わるのに何日かかりますか。

式6点，答え5点【11点】

（式）

答え _____

7 おふろに入っている水のかさは，水そうに入っている水のかさの25倍で，350Lです。水そうに入っている水のかさは何Lですか。

式6点，答え6点【12点】

水そうの水のかさ×25
＝おふろの水のかさ　だね。

（式）

答え _____

8 リボンを25m買ったら，代金は1625円でした。このリボン1mのねだんはいくらですか。

式6点，答え6点【12点】

（式）

答え _____

何を求めるか，正しく読み取れたかな？

答え ▶ 89ページ

わり算のきまり①

1 色紙が800まいあります。1組に200まいずつ分けると、何組に分けられますか。

式5点，答え5点【10点】

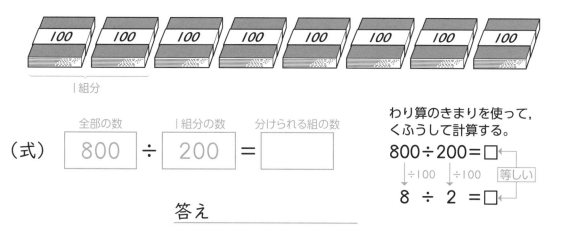

|組分

（式）

全部の数		1組分の数		分けられる組の数
800	÷	200	=	

わり算のきまりを使って、くふうして計算する。

$800 \div 200 = \square$

↓÷100　↓÷100　等しい

$8 \div 2 = \square$

答え＿＿＿＿＿＿＿＿＿＿＿＿

2 工場見学にかかる費用は、1人400円です。今、6400円集まっています。何人分集まりましたか。

式5点，答え5点【10点】

（式）

集まった金がく		1人分の金がく		集めた人数
6400	÷	400	=	

わり算のきまりを使って、くふうして筆算をする。

$400\overline{)6400}$

わる数とわられる数を100でわる。→0を2こずつ消す。

答え＿＿＿＿＿＿＿＿＿＿＿＿

3 ゲームソフトのねだんは6000円，カードゲームのねだんは500円です。ゲームソフトのねだんは、カードゲームのねだんの何倍ですか。

式5点，答え5点【10点】

（式）

何倍かにあたる数		もとにする大きさ		何倍
6000	÷	500	=	

答え＿＿＿＿＿＿＿＿＿＿＿＿

4 はるなさんは900円持っています。1こ300円のボールは何こ買えますか。

あなる数とわられる数の0を2こずつ消そう。

式7点, 答え7点【14点】

（式）

答え _____

5 クリップを1箱に200こずつ入れます。クリップが6800こあると, 箱は何箱いりますか。

式7点, 答え7点【14点】

（式）

答え _____

6 水そうに水が9100mL入っています。1回に700mLずつくみ出すと, 何回で全部の水をくみ出せますか。

式7点, 答え7点【14点】

（式）

答え _____

7 ある工場では, テレビを1日に400台作れるそうです。7200台作るには何日かかりますか。

式7点, 答え7点【14点】

（式）

答え _____

8 小さいメロンの重さは800g, 大きいメロンの重さは1600gです。大きいメロンの重さは小さいメロンの重さの何倍ですか。

式7点, 答え7点【14点】

（式）

答え _____

くふうして計算できたかな？

答え ▶ 89ページ

14 わり算のきまり②

1 1400このチューリップの球根を，1つの学校に300こずつ配ります。いくつの学校に配れて，何こあまりますか。　　式7点，答え7点【14点】

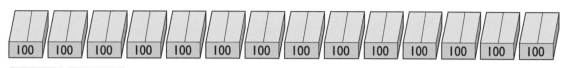

1つの学校分

（式）

全部の数		1つの学校分の数		配れる学校の数	

1400 ÷ 300 = [　　] あまり [　　]

わり算のきまり
を使って，
くふうして計算
する。

```
      4
300)1400
    12
     200
```

あまりの2は，100が2この
ことなので，200

答え　[　　] つの学校に配れて，

[　　] こあまる。

2 1600まいのカードを，500人に同じ数ずつ配ります。1人分は何まいで，何まいあまりますか。　　式7点，答え7点【14点】

（式）

全部の数		配る人数		1人分の数	

1600 ÷ 500 = [　　] あまり [　　]

わり算のきまりを使って，
くふうして計算する。

```
500)1600
```
あまりの大きさ
に注意。

答え　1人分は [　　] まいで，

[　　] まいあまる。

3 7500本のきゅうりを，1箱に200本ずつ入れます。何箱できて，何本あまりますか。

式9点，答え9点【18点】

（式）

あまりには，消した0の数だけ0をつけるよ。

答え _____

4 9300本の竹ひごを，400のふくろに同じ数ずつ入れます。1ふくろは何本で，何本あまりますか。

式9点，答え9点【18点】

（式）

答え _____

5 1こ700円のかごを買います。8700円では何こ買えて，いくら残りますか。

式9点，答え9点【18点】

（式）

答え _____

6 9400gのひ料を，600この植木ばちに同じ重さずつまきます。1この植木ばちには何gまけて，何gあまりますか。

式9点，答え9点【18点】

（式）

答え _____

あまりの大きさに注意だね。

答え ▶ 89ページ

［なぞなぞにチャレンジ！］

1 なぞなぞ① 「たき火をすると，近くにくる動物はな〜に？」

下のわり算をして，あまりが同じになるわり算を直線でつなごう。直線が交わったところにいる動物が，なぞなぞの答えだよ。

答え

2 なぞなぞ② 「カナヅチを入れて使う，フワフワしたものな〜に？」
下のわり算をして，あまりが同じになるわり算を直線でつなごう。
直線が交わったところにあるものが，なぞなぞの答えだよ。

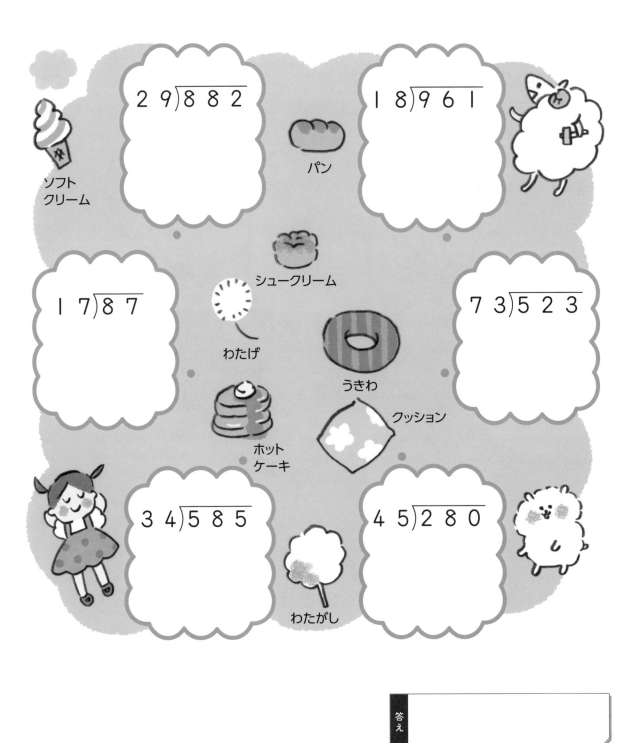

ソフトクリーム

$29\overline{)882}$

パン

$18\overline{)961}$

$17\overline{)87}$

シュークリーム

わたげ

うきわ

$73\overline{)523}$

ホットケーキ

クッション

$34\overline{)585}$

わたがし

$45\overline{)280}$

答え

答え ▶ 89ページ

がい数の計算①

1　右の筆，絵の具，スケッチブックの代金の合計を，次のしかたで見積もりましょう。

式5点，答え5点【30点】

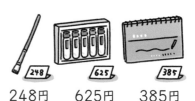

248円　625円　385円

① 十の位を四捨五入する計算

（式） 　筆のねだん　　絵の具のねだん　　スケッチブックのねだん　　代金の合計

$200 + 600 + 400 = \boxed{}$　答え＿＿＿＿＿＿

② 十の位以下を切り上げる計算

（式） $\boxed{} + \boxed{} + \boxed{} = \boxed{}$　答え＿＿＿＿＿＿

③ 十の位以下を切り捨てる計算

（式） $\boxed{} + \boxed{} + \boxed{} = \boxed{}$　答え＿＿＿＿＿＿

2　右の表は，3つの小学校の児童数を表しています。

式5点，答え5点【20点】

学校	人数（人）
東小学校	1382
西小学校	1746
北小学校	1064

① 東小学校と西小学校の児童数の合計は，およそ何千何百人ですか。

（式） $1400 + 1700 = \boxed{}$

百の位までのがい数にする。

答え＿＿＿＿＿＿

② 西小学校と北小学校の児童数のちがいは，およそ何百人ですか。

（式） $\boxed{} - \boxed{} = \boxed{}$

百の位までのがい数にする。

答え＿＿＿＿＿＿

3 右の表は，あるテーマパークの金曜日，土曜日，日曜日の入場者数を表したものです。 式5点，答え5点【20点】

曜日	入場者数（人）
金曜日	9638
土曜日	20476
日曜日	17592

それぞれ千の位までのがい数にしよう！

① 3日間の入場者数の合計は，およそ何万何千人ですか。
（式）

答え _____

② 土曜日と日曜日の入場者数のちがいは，およそ何千人ですか。
（式）

答え _____

4 スーパーマーケットで，右の表のような買い物をしました。 式5点，答え5点【30点】

品物	ねだん（円）
やきそば	325
ぶた肉	462
キャベツ	194
ソース	275

① 代金の合計は，およそ何千何百円ですか。
（式）

答え _____

② 代金の合計は，およそ何千何百何十円ですか。
（式）

答え _____

③ このスーパーマーケットでは，1200円以上買うとくじ引きができます。それぞれの品物のねだんを一の位を切り捨てて見積もり，代金の合計がおよそいくらになるかを計算し，くじ引きができるかどうか答えましょう。
（式）

答え _____

四捨五入のやり方を確認しておこう！

答え ▶ 90ページ

がい数の計算②

月　　日
得点

点

1 さやかさんたちは，子ども会の遠足で動物園に行く計画を立てています。子ども会の人数は全部で43人です。四捨五入して，上から1けたのがい数にして見積もりましょう。

式6点, 答え6点【48点】

① 動物園の子ども1人分の入園料は650円です。全員の入園料はおよそいくらになりますか。

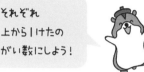
それぞれ
上から1けたの
がい数にしよう！

（式）

1人分の入園料　　子どもの人数

$$700 × 40 = \boxed{}$$

答え _____

② 動物園までの子ども1人分の電車代は520円です。全員の電車代はおよそいくらになりますか。

（式）$\boxed{} × \boxed{} = \boxed{}$

答え _____

③ バスを1台借りて行くと，バスを借りるのに56250円かかります。1人分のバス代はおよそいくらになりますか。

（式）

バス代　　　子どもの人数

$$60000 ÷ 40 = \boxed{}$$

答え _____

④ 今回の遠足で，子ども会のバザーの売り上げの31750円を使うことになりました。1人分におよそいくら使えますか。

（式）$\boxed{} ÷ \boxed{} = \boxed{}$

答え _____

★四捨五入して，上から1けたのがい数にして見積もりましょう。

2 子どもが285人いる学校で，遠足に行きます。子ども1人分の電車代は210円です。子ども全員の電車代は，およそいくらになりますか。

式7点，答え6点【13点】

（式）

答え _____

3 ゆうきさんは，1周720mのジョギングコースを，毎日1周ずつ走っています。これまでに58日間走りました。およそ何km走ったことになりますか。

式7点，答え6点【13点】

（式）

答え _____

4 子ども会の23人で，みんなが使えるゲームを買うことになりました。ゲームのねだんは7950円です。1人およそいくら出せばよいですか。

式7点，答え6点【13点】

（式）

答え _____

5 ある店で，1こ580円のぬいぐるみの1か月間の売り上げは32480円でした。1か月間でおよそ何このぬいぐるみが売れましたか。

式7点，答え6点【13点】

（式）

答え _____

見積もりは便利だね！

答え ▶ 90ページ

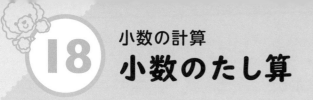

18 小数の計算
小数のたし算

1 お湯がポットに2.43L，やかんに1.25L入っ
ています。お湯はあわせて何Lありますか。

式6点，答え6点【12点】

ポットのお湯の量　　やかんのお湯の量

（式）　2.43　＋　1.25　＝　□

計算は，次のように筆算でする。
❶位をそろえて書く。
❷整数のたし算と同じように計算する。
❸上の小数点にそろえて，和の小数点をうつ。

```
  2.4 3
+ 1.2 5
  3.6 8
```

答え _____

2 2.67mのテープと3.85mのテープをつなぎました。全体の長さは
何mになりますか。

式6点，答え6点【12点】

（式）　□　＋　□　＝　□

答え _____

3 重さが0.48kgの箱に，りんごを6.92kg入れました。全体の重さ
は何kgになりますか。

式6点，答え6点【12点】

（式）　□　＋　□　＝　□

答え _____

4 さとるさんはこれまで2.283km走りました。あと0.772km走ると，
全部で何km走ることになりますか。

式6点，答え6点【12点】

（式）　□　＋　□　＝　□

答え _____

5 ジュースが大きいびんに2.57L，小さいびんに1.74L入っています。ジュースはあわせて何Lありますか。 式7点，答え6点【13点】

（式）

答え _____

6 深さが1.35mのプールにぼうを立てたら，水の上に0.68m出ました。ぼうの長さは何mですか。 式7点，答え6点【13点】

（式）

答え _____

7 東駅から南駅までは13.74km，南駅から西駅までは8.26kmあります。東駅から南駅を通って西駅まで行くと，きょりは何kmですか。 式7点，答え6点【13点】

（式）

答え _____

8 小麦粉を，きのうは4.75kg使いました。きょうは，きのうより0.275kg多く使いました。きょう使った小麦粉は何kgですか。 式7点，答え6点【13点】

（式）

答え _____

 筆算では小数点をそろえようね。

答え ▶ 91ページ

小数のひき算

1 ジュースが3.85Lあります。1.42L飲むと、残りは何Lになりますか。

式6点，答え6点【12点】

はじめの
ジュースの量　　　飲んだ量

（式）　3.85 － 1.42 ＝ [　　]

計算は，次のように筆算でする。
❶位をそろえて書く。
❷整数のひき算と同じように計算する。
❸上の小数点にそろえて，差の小数点をうつ。

$$\begin{array}{r} 3.8\,5 \\ -\ 1.4\,2 \\ \hline 2.4\,3 \end{array}$$

答え

2 赤いテープが4.53mと青いテープが2.78mあります。長さのちがいは何mですか。

式6点，答え6点【12点】

（式）[　　] － [　　] ＝ [　　]

答え

3 重さが1.65kgのバケツに水を入れて重さをはかったら，7.5kgありました。水の重さは何kgですか。

式6点，答え6点【12点】

（式）[　　] － [　　] ＝ [　　]

答え

4 道のりが3.465kmのジョギングコースがあります。ゆうすけさんはこれまでに0.68km走りました。あと何km残っていますか。

式6点，答え6点【12点】

（式）[　　] － [　　] ＝ [　　]

答え

5 さとうが1.52kgありました。0.65kg使うと，残りは何kgになりますか。

式7点，答え6点【13点】

（式）

答え _____

6 細いはり金が7.2m，太いはり金が5.46mあります。細いはり金は太いはり金より何m長いですか。

式7点，答え6点【13点】

（式）

7.2は7.20と考えて
計算するんだね。

答え _____

7 0.83kgのかごにみかんを入れたら，全体の重さは5kgでした。みかんの重さは何kgですか。

式7点，答え6点【13点】

（式）

答え _____

8 かいとさんは，8kmある池のまわりを走っています。あと0.095km残っています。これまでに何km走りましたか。

式7点，答え6点【13点】

（式）

答え _____

小数のくり下がりの計算もバッチリだね。

答え ▶ 91ページ

1 2.8L入りのポットが4つあります。このポット4つに水を入れると，全部で何L入りますか。

式7点，答え7点【14点】

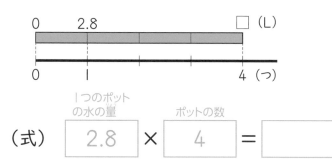

計算は，次のように筆算でする。
- ❶小数点を考えないで，右にそろえて書く。
- ❷整数のかけ算と同じように計算する。
- ❸かけられる数にそろえて，積の小数点をうつ。

```
  2.8
×   4
11.2
```

（式） | 1つのポットの水の量 | 2.8 | × | ポットの数 | 4 | =

答え _____

2 工作で，3.4mのテープを16本使いました。使ったテープの長さは何mですか。

式7点，答え7点【14点】

（式） 1本のテープの長さ □ × テープの本数 □ = □

答え _____

3 1mの重さが1.65kgの鉄のぼうがあります。この鉄のぼう9mの重さは何kgですか。

式7点，答え7点【14点】

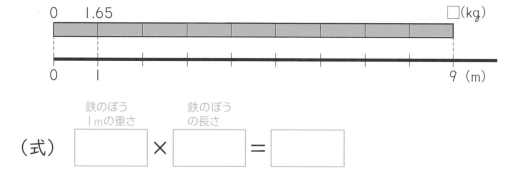

（式） 鉄のぼう1mの重さ □ × 鉄のぼうの長さ □ = □

答え _____

4 あゆむさんは毎日2.9km走っています。 I週間では何km走りますか。

式7点，答え7点【14点】

（式）

答え _____

5 水そうに入る水の量をバケツではかったら，バケツに入る水の量の15倍ありました。バケツに入る水の量は4.2Lです。水そうに入る水の量は何Lですか。

式7点，答え7点【14点】

（式）

小数点の右にある0は
消して答えよう！

答え _____

6 ガソリンILで12.8km走る自動車があります。75Lのガソリンでは何km走りますか。

式8点，答え7点【15点】

（式）

答え _____

7 Im²の重さが6.45kgの鉄の板があります。この鉄の板37m²の重さは何kgですか。

式8点，答え7点【15点】

（式）

答え _____

半分まできたよ。残りもがんばろう！

答え ▶ 91ページ

1 ジュースが5.6Lあります。これを4人で等分すると，1人分は何L
になりますか。

式7点，答え7点【14点】

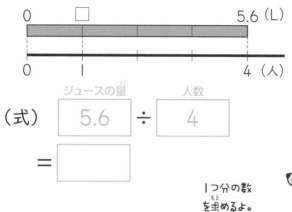

計算は，次のように筆算でする。

```
     1.4
 4)5.6
   4
   1 6
   1 6
       0
```

❶一の位の5を4でわる。
❷わられる数の小数点にそろ
　えて，商の小数点をうつ。
❸$\frac{1}{10}$の位の6をおろす。
❹16を4でわる。

（式）　ジュースの量 5.6 ÷ 人数 4

＝ [　　]

1つ分の数を求めるよ。

答え _____

2 76.8m²の土地を同じ広さの12の花だんに分けます。1つの花だん
の広さは何m²になりますか。

式7点，答え7点【14点】

（式）　全体の土地の広さ [　　] ÷ 花だんの数 [　　] ＝ [　　]

答え _____

3 長さが6mの鉄のぼうの重さをはかったら9.18kgでした。この鉄
のぼう1mの重さは何kgですか。

式7点，答え7点【14点】

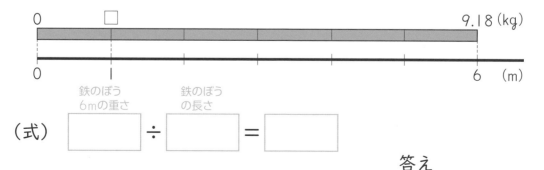

（式）　鉄のぼう6mの重さ [　　] ÷ 鉄のぼうの長さ [　　] ＝ [　　]

答え _____

4 つむぐさんの家では，米を1週間で4.2kg食べました。毎日同じ量りょうを食べたと考えると，1日に何kg食べたことになりますか。

式7点，答え7点【14点】

（式）

商の小数点は
わられる数の小数点に
そろえよう！

答え _____

5 7.56mのリボンを7人で等分すると，1人分は何mになりますか。

式7点，答え7点【14点】

（式）

答え _____

6 25.2dLの牛にゅうを，同じ大きさのコップに等分します。18このコップに分けると，1このコップに何dL入れればよいですか。

式8点，答え7点【15点】

（式）

答え _____

7 青のテープの長さは，緑のテープの長さの3倍で，2.4mです。緑のテープの長さは何mですか。

式8点，答え7点【15点】

（式）

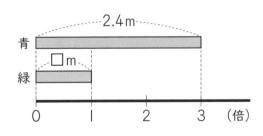

答え _____

商の小数点はうったかな？

答え ▶ 91ページ

22 小数のわり算②

1 21.5mのリボンがあります。このリボンから3mのリボンは何本取れて，何mあまりますか。

式7点，答え7点【14点】

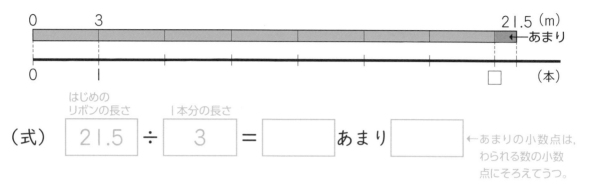

（式）　21.5　÷　3　＝　　　　　あまり　　　　　←あまりの小数点は，わられる数の小数点にそろえてうつ。

はじめの
リボンの長さ

1本分の長さ

答え　　　　本取れて，　　　　mあまる。

2 ジュースが19dLあります。これを6人で等分すると，1人分はおよそ何dLになりますか。答えは四捨五入して，上から2けたのがい数で求めましょう。

式7点，答え7点【14点】

（式）　　　　÷　　　　＝　　　　

答え

3 45.6Lの水を7つの水そうに等分すると，1つの水そうはおよそ何Lになりますか。答えは四捨五入して，上から2けたのがい数で求めましょう。

式7点，答え7点【14点】

（式）　　　　÷　　　　＝　　　　

答え

4 米が73.5kgあります。これを4kgずつふくろにつめていくと，ふくろは何ふくろできて，何kgあまりますか。

式7点，答え7点【14点】

（式）

商は一の位まで求めるよ。

答え _____

5 35dLの牛にゅうを4等分すると，1人分は何dLになりますか。

式7点，答え7点【14点】

（式）

わられる数の右に0をつけたしてわり進もう。

答え _____

6 2.4kgのねん土を5人で等分すると，1人分は何kgになりますか。

式8点，答え7点【15点】

（式）

答え _____

7 61.5mのテープを9人で等分すると，1人分はおよそ何mになりますか。答えは四捨五入して，上から2けたのがい数で求めましょう。

式8点，答え7点【15点】

（式）

答え _____

あり進むわり算もわかったかな？

答え ▶ 92ページ

23 小数の倍

1 右の表は，ありささんの持っている3本のリボンの長さを表したものです。　式6点，答え6点【24点】

	長さ（cm）
赤	20
青	24
緑	8

① 青のリボンの長さは，赤のリボンの長さの何倍ですか。

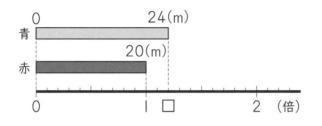

赤の長さを1とみたとき，青の長さは小数の倍になるね。

（式）　24　÷　20　＝ 　　　　答え

② 緑のリボンの長さは，赤のリボンの長さの何倍ですか。

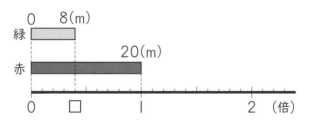

赤の長さを1とみたとき，緑の長さは1より小さい！

（式）　　　÷　　　＝ 　　　　答え

2 ロールケーキ1本のねだんは1000円で，プリン1このねだんは400円です。ロールケーキ1本のねだんは，プリン1このねだんの何倍ですか。　式8点，答え8点【16点】

（式）　　　÷　　　＝ 　　　　答え

3 麦茶がコップに500mL，ポットに1300mL
入っています。ポットの麦茶の量はコップの麦
茶の量の何倍ですか。　　　　式10点，答え10点【20点】

（式）

答え _____

4 じゃがいも畑の面積は400㎡，にんじん畑の面積は500㎡です。
じゃがいも畑の面積は，にんじん畑の面積の何倍ですか。
　　　　　　　　　　　　　　　　　　　　式10点，答え10点【20点】
（式）

答え _____

5 下の図は，赤の色えん筆の長さが緑の色えん筆の長さの3倍である
ことを表しています。小数で答えましょう。　　　　1つ10点【20点】

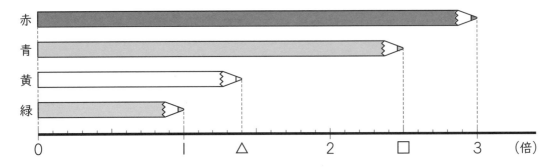

① 青の色えん筆の長さは，緑の色えん筆の長さの何倍ですか。

答え _____

② 黄の色えん筆の長さは，緑の色えん筆の長さの何倍ですか。

答え _____

小数の倍は図に表すとわかりやすいね。

答え ▶ 92ページ

1 ジュースを，兄は $\frac{4}{5}$ L，弟は $\frac{3}{5}$ L飲みました。あわせて何L飲みましたか。式8点，答え8点【16点】

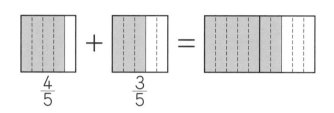

（式）　$\frac{4}{5}$ ＋ $\frac{3}{5}$ ＝ □ （＝ □）

分母はそのままにして，
分子どうしをたす。

帯分数になおす
と，大きさがわ
かりやすい。

答え＿＿＿＿＿＿＿＿

2 青いテープの長さは $1\frac{2}{4}$ mで，赤いテープの長さは $\frac{3}{4}$ mです。あわせて何mになりますか。

式8点，答え8点【16点】

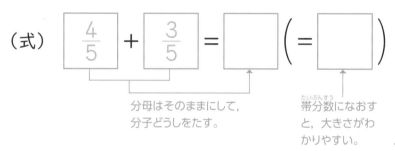

分数部分どうしの和が仮分数になった
ときは，整数部分にくり上げる。

（式）　□ ＋ □ ＝ 1□ ＝ □

$\frac{5}{4} = 1\frac{1}{4}$ より，$1 + 1\frac{1}{4}$

答え＿＿＿＿＿＿＿＿

3 右の図のしょう油と食用油をまぜてドレッシングを作ります。ドレッシングは何Lになりますか。 　　　　　　　　　　　　　　　　　式9点，答え8点【17点】

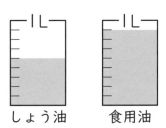

しょう油　　食用油

（式）

答え _____

4 大きさが$\frac{9}{7}$m²の包そう紙と，$\frac{4}{7}$m²の包そう紙があります。この2つの包そう紙をあわせると，面積は何m²になりますか。
　　　　　　　　　　　　　　　　　式9点，答え8点【17点】

（式）

答え _____

5 まみさんは，土曜日に$1\frac{2}{6}$時間，日曜日に$\frac{5}{6}$時間読書をしました。あわせて何時間読書をしましたか。 　　　　　　　式9点，答え8点【17点】

（式）

答え _____

6 ゆうまさんの家で，へいをペンキでぬりました。午前中は$4\frac{7}{8}$m²，午後は$3\frac{6}{8}$m²ぬりました。あわせて何m²ぬりましたか。
　　　　　　　　　　　　　　　　　式9点，答え8点【17点】

（式）

答え _____

分数の計算はあかったかな？

答え ▶ 92ページ

月　日

得点　　　　　　　　　点

1 小麦粉が $\frac{8}{5}$ kgあります。ホットケーキを作るのに $\frac{4}{5}$ kg使いました。残りは何kgですか。

式7点，答え7点【14点】

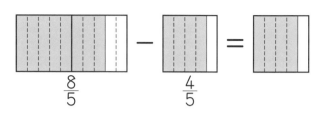

（式）

分母はそのままにして，分子どうしをひく。

答え＿＿＿＿＿＿＿＿＿

2 $2\frac{1}{3}$ mのリボンがあります。このうちの $\frac{2}{3}$ mを使いました。残りは何mですか。

式7点，答え7点【14点】

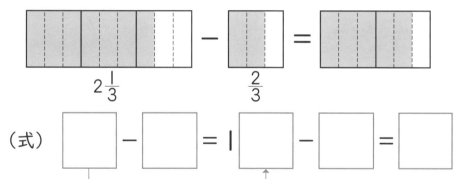

$\frac{1}{3}$ から $\frac{2}{3}$ はひけないね。

（式）　□ － □ ＝ 1 － □ ＝ □

整数部分から1くり下げて，分数部分を仮分数になおす。

答え＿＿＿＿＿＿＿＿＿

3 3m²の花だんのうち，$\frac{5}{6}$ m²にひ料をまきました。まだ，ひ料をまいていないところの広さは何m²ですか。

式7点，答え7点【14点】

（式）　3 － □ ＝ 2 □ － □ ＝ □

整数部分から1くり下げて，ひく数の分母と同じ分母の仮分数をつくる。

答え＿＿＿＿＿＿＿＿＿

4 牛にゅうが $\frac{9}{7}$ L あります。このうち，$\frac{3}{7}$ L 飲みました。残りは何L

ですか。

式7点，答え7点【14点】

（式）

答え ＿＿＿＿＿＿＿＿＿＿

5 重さが $\frac{4}{5}$ kg の鉄板と $2\frac{1}{5}$ kg のどう板があります。どう板は鉄板よ

り何kg重いですか。

式7点，答え7点【14点】

（式）

答え ＿＿＿＿＿＿＿＿＿＿

6 大きさが 3 ㎡の工作用紙があります。工作をするのに使ったら，

残りは $1\frac{3}{4}$ ㎡になりました。使った工作用紙は何㎡ですか。

式8点，答え7点【15点】

（式）

分数部分に1くり下げて計算しよう。

答え ＿＿＿＿＿＿＿＿＿＿

7 ゆいさんの家から公園までは $2\frac{2}{9}$ km あります。ゆいさんは家から

公園に向かって $1\frac{7}{9}$ km 歩きました。公園までは，あと何kmですか。

式8点，答え7点【15点】

（式）

答え ＿＿＿＿＿＿＿＿＿＿

整数部分からのくり下げに気をつけよう。

答え ▶ 92ページ

1 180円の牛にゅうを1本と，140円のパンを1こ買います。500円出すと，おつりはいくらですか。

式6点，答え6点【12点】

出した お金	－	代　金	＝	おつり

（式）　500 － (180 + 140) = □

出したお金　　代金（牛にゅう・パン）　おつり

代金をひとまとまりとみて先に計算するので，（　）をつけて表す。

答え _____

2 560円のハンカチが，15円安くなって売っています。このハンカチを1まい買って，600円出すと，おつりはいくらですか。

式8点，答え8点【16点】

出した お金	－	代　金	＝	おつり

（式）　□ － (□ － □) = □

出したお金　　代金（もとのねだん・安くなった金がく）　おつり

答え _____

55

★ **3**〜**6**は,（ ）を使って1つの式に表し,答えを求めましょう。

3　590円の本と120円のノートを1さつずつ買います。800円出すと,
おつりはいくらですか。

式9点,答え9点【18点】

（式）

本とノートの代金を
（ ）を使って表そう。

答え _____

4　りょうたさんは,264ページの本を読んでいます。きのう45ペ
ージ,今日106ページ読みました。あと何ページ残っていますか。

式9点,答え9点【18点】

（式）

答え _____

5　460円の色えん筆を1箱買ったら,5円安くしてもらえました。
500円出すと,おつりはいくらですか。

式9点,答え9点【18点】

（式）

答え _____

6　900円持って文ぼう具店へ買い物に行きました。1箱700円のク
レヨンが15円安く売っていました。このクレヨンを1箱買うと,残
りはいくらになりますか。

式9点,答え9点【18点】

（式）

答え _____

アプリに,得点を登録しよう！

答え ▶ 93ページ

計算の順じょ②

月　日　10分

得点

点

1 1本45円の色えん筆を買います。赤い色えん筆を16本，青い色えん筆を12本買うと，代金はいくらになりますか。　　　　　　式6点，答え6点【12点】

1本のねだん	×	買う本数	=	代　金

（式）
1本のねだん　　　買う本数　　　代金
$$45 \times (\boxed{16} + \boxed{12}) = \boxed{}$$
　　　　　　　赤の本数　　青の本数

答え＿＿＿＿＿＿＿＿＿＿

2 1こ35円の消しゴムと，1本60円のえん筆を組にして買います。760円では，何組買えますか。　　　　式8点，答え8点【16点】

持っているお金	÷	ひとくみ1組のねだん	=	買える組の数

（式）
持っているお金　　　1組のねだん　　　買える組の数
$$\boxed{} \div (\boxed{} + \boxed{}) = \boxed{}$$
　　　　　　　消しゴム　　えん筆

答え＿＿＿＿＿＿＿＿＿＿

★ 3 〜 6 は，（ ）を使って|つの式に表し，答えを求めましょう。

3　作文用紙を|人に|3まいずつ配ります。男の子が23人，女の子が25人いると，作文用紙は全部で何まいいりますか。　式9点，答え9点【18点】

（式）

答え _____

4　子ども会で，45円のおかしと30円のガムを組にして，27人の子どもに配ります。全部でいくらかかりますか。　式9点，答え9点【18点】

（式）

答え _____

5　|まい25円の工作用紙と，|まい|3円の色画用紙を組にして買います。570円では，何組買えますか。　式9点，答え9点【18点】

（式）

答え _____

6　みかんが大きな箱に|64こ，小さな箱に84こ入っています。このみかんを，|人に8こずつ配ると，何人に配れますか。　式9点，答え9点【18点】

（式）

答え _____

（　）の中を先に計算したかな？

答え ▶ 93ページ

計算の順じょ③

月　　日

得点

点

1 1本95円のジュースを5本買いました。
500円出すと，おつりはいくらですか。

式6点，答え6点【12点】

出した お金	－	代　金	＝	おつり

（式）　500　－　95　×　5　＝ ⬚

ジュースのねだん　買った本数

式の中のかけ算は，ひとまとまりとみて
先に計算するので，（　）を省いて書く。

答え＿＿＿＿＿＿＿＿＿＿＿

2 1こ125円のおにぎりを4こと，180円のジュースを1つ買います。
代金はいくらになりますか。

式8点，答え8点【16点】

おにぎり の代金	＋	ジュースの 代金	＝	代金の 合計

おにぎりの代金　　　　ジュースの代金　代金の合計

（式）⬚　×　⬚　＋　⬚　＝　⬚

おにぎりのねだん　買う数

答え＿＿＿＿＿＿＿＿＿＿＿

★ 3 ～ 6 は, 1つの式に表して, 答えを求めましょう。

3 1本145円のものさしを4本買います。600円出すと, おつりはいくらですか。

式9点, 答え9点【18点】

（式）

かけ算部分は（　）を
使わないよ。

答え _____

4 竹ひごが420本あります。1人に14本ずつ26人に配ると, 竹ひごは何本残りますか。

式9点, 答え9点【18点】

（式）

答え _____

5 1こ80円のクッキーを6こと, 1こ130円のゼリーを1こ買いました。代金はいくらですか。

式9点, 答え9点【18点】

（式）

答え _____

6 1このかざりを作るのに, はり金を23cm使います。このかざりを16こ作ったら, はり金が32cm残りました。はり金ははじめに何cmありましたか。

式9点, 答え9点【18点】

（式）

答え _____

（　）を使わないで式に表せるんだね。

答え ▶ 93ページ

㉙ 計算の順じょ④

1 180円のコンパスを1つと，1ダース540円のえん筆を半ダース買います。代金はいくらですか。

式6点，答え6点【12点】

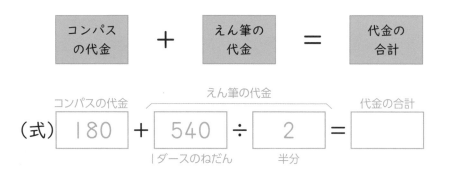

（式）180 ＋ 540 ÷ 2 ＝

式の中のわり算は，ひとまとまりとみて
先に計算するので，（　）を省いて書く。

答え＿＿＿＿＿＿＿＿＿＿＿

2 ことみさんは600円持っていました。2mで300円のリボンを1m
買うと，残りはいくらになりますか。

式8点，答え8点【16点】

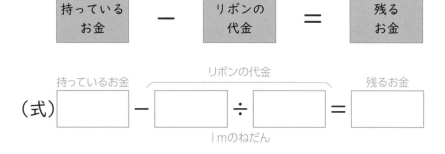

（式）　　　　　－　　　　　÷　　　　　＝

答え＿＿＿＿＿＿＿＿＿＿＿

★ 3～6 は，1つの式に表して，答えを求めましょう。

3　1ふくろ200円のストローを1ふくろと，1ダース960円のジュースを半ダース買いました。代金はいくらですか。　式9点，答え9点【18点】

（式）

答え _____

4　みかさんは260円持っていました。今日，お父さんから500円もらったので，妹と2人で同じ金がくずつ分けました。みかさんの持っているお金はいくらになりましたか。　式9点，答え9点【18点】

（式）

答え _____

5　1ダース510円のボールを半ダース買いました。500円出すと，おつりはいくらですか。　式9点，答え9点【18点】

（式）

答え _____

6　はるとさんは700円持っていました。今日，兄弟3人で同じ金がくずつ出しあって，720円の花を買い，お母さんにあげました。はるとさんの持っているお金はいくらになりましたか。　式9点，答え9点【18点】

（式）

はるとさんの残りのお金は，
持っていたお金ー720÷人数だ！

答え _____

1つの式に表す練習をたくさんしよう！

答え ▶ 93ページ

30 計算の順じょ⑤

月	日	10分
得点		
		点

1 1こ120円のかんづめを4こと，1こ79円のカップラーメンを3こ買いました。代金はいくらですか。

式6点，答え6点【12点】

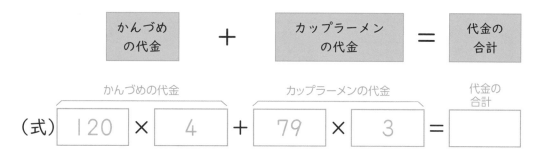

かんづめ の代金	**＋**	カップラーメン の代金	**＝**	代金の 合計

（式）　かんづめの代金　　　　カップラーメンの代金　　　　代金の合計

120	×	4	＋	79	×	3	＝	

答え _____

2 1箱に，かんづめをたてに3こずつ，4列にならべて入れます。かんづめが300こあるとき，箱は何箱あればよいですか。

式8点，答え8点【16点】

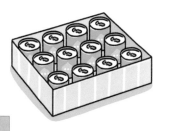

全部 の数	**÷**	1箱分 の数	**＝**	箱の数

（式）　全部の数　　　1箱分の数　　　箱の数

	÷（	×	）＝	

　　　　　たて1列の数　　列の数

1箱分の数をひとまとまりとみて先に計算するので，（　）をつけて表す。

答え _____

★ 3 ～ 6 は，1つの式に表して，答えを求めましょう。

3 1こ120円のパンを4こと，1本95円のジュースを3本買いました。代金はいくらですか。

式9点，答え9点【18点】

（式）

答え _____

4 コンサート会場に1人がけのいすがならべてあります。1階は1列に18きゃくで48列，2階は1列に12きゃくで34列あります。お客さんは何人すわれますか。

式9点，答え9点【18点】

（式）

答え _____

5 1箱に，ゼリーをたてに4こずつ，6列にならべて入れます。ゼリーが840こあると，箱は何箱あればよいですか。

式9点，答え9点【18点】

（式）

答え _____

6 4こで600円のりんごがあります。このりんごを9こ買うと，代金はいくらですか。

式9点，答え9点【18点】

（式）

りんご1このねだん×9こ分だね。

答え _____

計算の順じょも見直しておこう！

答え ▶ 94ページ

1 だいだい色のおはじきと緑色のおはじきが，右のようにならんでいます。全部のおはじきの数を，次の2通りのしかたで求めましょう。　式5点，答え5点【20点】

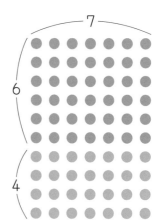

① （式）　(6 + 4) × □ = □

たてにならんだ　　　横にならんだ
おはじきの数　　　　おはじきの数

答え _____

② （式）　□ × 7 + □ × 7 = □

だいだい色のおはじきの数　　緑色のおはじきの数

①と②から，次の計算のきまりがいえる。

(■ + ●) × ▲ = ■ × ▲ + ● × ▲

答え _____

2 27cm，58cm，73cmの3本のテープをつなぎます。あわせて何cmになりますか。　式5点，答え5点【10点】

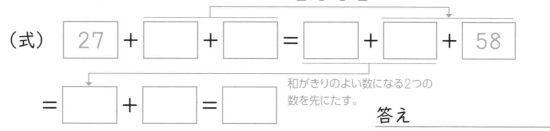

■ + ● = ● + ■

（式）　27 + □ + □ = □ + □ + 58

和がきりのよい数になる2つの
数を先にたす。

= □ + □ = □

答え _____

3 1こ98円のおかしが25こ入っている箱があります。この箱を4箱買うと，代金はいくらになりますか。　式5点，答え5点【10点】

(■ × ●) × ▲ = ■ × (● × ▲)

（式）　(98 × □) × □ = 98 × (□ × □)

= □ × □ = □

積がきりのよい数になる
2つの数を先にかける。

答え _____

4 姉は|まい|25円のカードを8まい，妹は|まい75円のカードを8まい買いました。

式6点，答え6点【24点】

① 2人の代金の合計はいくらですか。

（式）

答え _____

② 2人の代金のちがいはいくらですか。

（式）

答え _____

5 ありささんは，|こ348円のケーキと|こ|52円のシュークリームを|2こずつ買いました。代金はいくらですか。

式6点，答え6点【12点】

（式）

答え _____

6 3本のびんに，ジュースが8.7dL，6.8dL，3.2dL入っています。あわせて何dLありますか。

式6点，答え6点【12点】

（式）

答え _____

7 |mの重さが|25gのはり金が|5mで|束になっています。このはり金8束の重さは何kgになりますか。

式6点，答え6点【12点】

（式）

答え _____

よくがんばったね。次はパズルだよ！

答え ▶ 94ページ

1 なぞなぞ① 「西からきた動物はな〜んだ？」

曲がり角を必ず曲がって，右のほうに進んでいくよ。道のと中にある数や記号を，下の□や○に順に書いて，式をつくろう。つくった式を計算して，答えのいちばん大きい動物がなぞなぞの答えだよ。

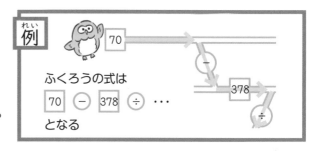

例

ふくろうの式は

| 70 | − | 378 | ÷ | ⋯ |

となる

70			−	297
2	181	378		5
	+		÷	
140		120		7

ふくろう □ ○ □ ○ □ ＝ □

はち □ ○ ○ □ ＝ □

くま □ ○ ○ □ ＝ □

答え _____

2 なぞなぞ② 「きつねが好きな食べ物はな〜んだ？」

❶と同じやり方で，式をつくって計算しよう。今度は，曲がり角を必ず曲がって下のほうに進むよ。答えのいちばん大きい食べ物がなぞなぞの答えだよ。

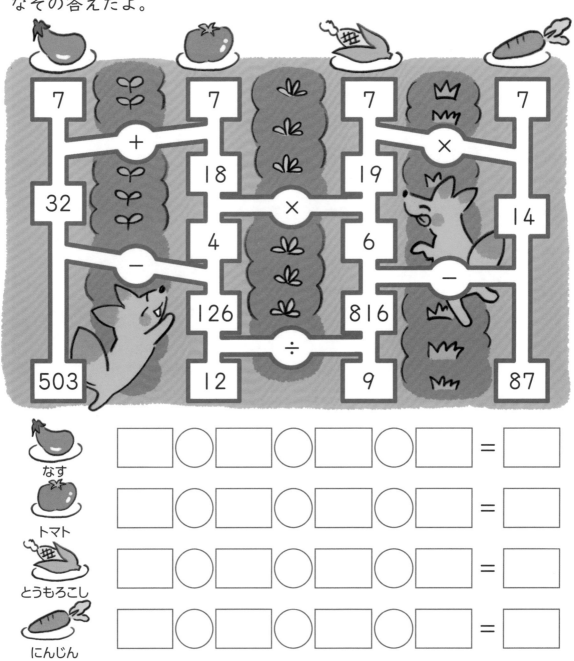

なす

トマト

とうもろこし

にんじん

答え ▶ 94ページ

33 変わり方
変わり方①

月　日　**10**分

得点　　　　　点

1 まわりの長さが16cmの長方形や正方形をかきます。このとき，たての長さと横の長さの関係について，次の問題に答えましょう。

①9点，②，③1つ7点【23点】

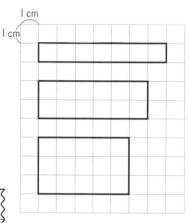

① たてと横の長さを調べて，下の表に書きましょう。

たての長さ（cm）	1	2	3	4	5
横の長さ　（cm）	7				

② たての長さを□cm，横の長さを○cmとして，□と○の関係を表す式を書きましょう。

（式）　□ ＋ ○ ＝ [　　　]

③ たての長さが6cmのとき，横の長さは何cmですか。

答え

2 けんたさんとお母さんは，たん生日が同じです。2人の年令の関係について，次の問題に答えましょう。

①9点，②，③1つ7点【23点】

① 下の表のあいているところに，あてはまる数を書きましょう。

けんたさん（才）	9	10	11	12	13	14	15
お母さん　（才）	36	37	38				

② けんたさんの年令を□才，お母さんの年令を○才として，□と○の関係を表す式を書きましょう。

（式）　□ ＋ [　　　] ＝ ○

③ お母さんが55才のとき，けんたさんは何才ですか。

答え

3 えん筆が12本あります。よしみさんと妹で分けたときの，2人のえん筆の数の関係（かんけい）について，次の問題に答えましょう。　1つ9点【27点】

① よしみさんと妹のえん筆の数を調べて，下の表に書きましょう。

よしみさん（本）	1	2	3	4	5	6
妹　　　（本）						

② よしみさんのえん筆の数を□本，妹のえん筆の数を○本として，□と○の関係を表すたし算の式を書きましょう。

式 _____

③ よしみさんのえん筆の数が9本のとき，妹のえん筆の数は何本ですか。

□が9のときの
○の数を求（もと）めよう。

答え _____

4 1本のテープをはさみで切ります。切る回数とできたテープの数の関係について，次の問題に答えましょう。　1つ9点【27点】

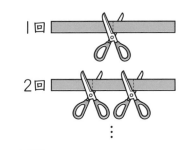

1回

2回

① 切る回数とできたテープの数を調べて，下の表に書きましょう。

切る回数　　　（回）	1	2	3	4	5
できたテープの数（本）					

② 切る回数を□回，できたテープの数を○本として，□と○の関係を表すたし算の式を書きましょう。

式 _____

③ できたテープの数が16本のとき，何回切ったことになりますか。

答え _____

表や式に表すとわかりやすいね。

答え ▶ 94ページ

変わり方②

月　　日　　10分

得点　　　　　　　点

1 1辺の長さを，1cm，2cm，…と変えて正方形をかいていきます。このとき，1辺の長さとまわりの長さの関係について，次の問題に答えましょう。①9点，②，③1つ8点【25点】

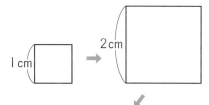

① 1辺の長さとまわりの長さの関係を調べて，下の表に書きましょう。

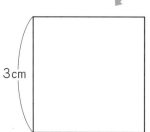

1辺の長さ　（cm）	1	2	3	4	5
まわりの長さ（cm）	4				

② 1辺の長さを□cm，まわりの長さを○cmとして，□と○の関係を表す式を書きましょう。

（式）□×□□□□＝○

③ 1辺の長さが16cmのとき，まわりの長さは何cmですか。

答え

2 1まい14円の色画用紙を買います。買うまい数と代金の関係について，次の問題に答えましょう。①9点，②，③1つ8点【25点】

① 買うまい数と代金の関係を調べて，下の表に書きましょう。

買うまい数(まい)	1	2	3	4	5
代　金　　　（円）	14				

② 買うまい数を□まい，代金を○円として，□と○の関係を表す式を書きましょう。

（式）□□□□×□＝○

③ 代金が112円のとき，色画用紙を何まい買いましたか。

答え

3 1辺が1cmの正方形を，下の図のように，1だん，2だん，…とふやしてならべていきます。だんの数とまわりの長さの関係について，次の問題に答えましょう。

1つ10点【30点】

1cm
1cm
1だん → 2だん → 3だん → 4だん …

① だんの数とまわりの長さの関係を調べて，下の表に書きましょう。

だんの数　（だん）	1	2	3	4	5
まわりの長さ(cm)					

② だんの数を□だん，まわりの長さを○cmとして，□と○の関係を表すかけ算の式を書きましょう。

表をたてに見よう。

式　　　　　　　　　　　　　　　　　　　　

③ まわりの長さが68cmになるのは，正方形を何だんならべたときですか。

答え　　　　　　　　　　　　　

4 1mの重さが7gのひもがあります。このひもの長さと重さの関係を調べたら，下の表のようになりました。次の問題に答えましょう。

1つ10点【20点】

ひもの長さ　（m）	1	2	3	4	5
ひもの重さ　（g）	7	14	21	28	35

① ひもの長さを□m，ひもの重さを○gとして，□と○の関係を表すかけ算の式を書きましょう。

式　　　　　　　　　　　　　　　

② ひもの重さが84gあるとき，ひもの長さは何mですか。

答え　　　　　　　　　　　

2つの数の関係を正しく式に表せたかな。

答え ▶ 94ページ

35 いろいろな問題

いろいろな問題

かんたんな割合

月　　日　10分

得点

点

1 ゴムAとゴムBがあります。どちらがよくのびるかを考えます。

式8点，答え8点【40点】

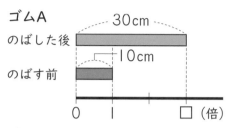

ゴムA
のばした後　30cm
のばす前　10cm
0　1　□（倍）

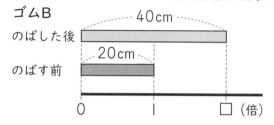

ゴムB
のばした後　40cm
のばす前　20cm
0　1　□（倍）

① ゴムAとゴムBの，のばした後の長さは，それぞれ，のばす前の長さの何倍になっていますか。

何倍にあたるか（割合）

・ ゴムA　（式）　30 ÷ 10 ＝ ☐
└ 10cmを1とみる

答え _____

・ ゴムB　（式）　☐ ÷ ☐ ＝ ☐
└ 20cmを1とみる

答え _____

② ゴムAとゴムBでは，どちらがよくのびるといえますか。

どちらも20cmのびるけど，
のびやすさにちがいがあるね。

答え _____

2 ヒマワリAとヒマワリBを育てています。くきは下のようにのびました。どちらがよくのびたといえますか。

【20点】

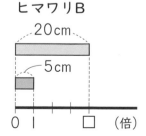

ヒマワリA
30cm
15cm
0　1　□（倍）

ヒマワリB
20cm
5cm
0　1　□（倍）

答え _____

73

3 右の図のような3つの水そうに
水が入っています。

式5点，答え5点【20点】

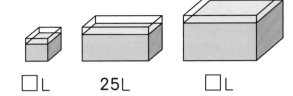

① 水そうBの水の量25Lの3倍
が水そうCの水の量です。水そ
うCの水の量は何Lですか。

（式）

水そうBの水		何倍にあたるか（割合）		水そうCの水
	×		=	

答え _____

② 水そうAの水の量の15倍が水そうCの水の量です。水そうAの水
の量は何Lですか。

（式）

水そうAの水		何倍		水そうCの水
□	×		=	

				水そうAの水
	÷		=	

答え _____

4 野菜がね上がりしています。あるスーパーでは，きゅうりとトマト
のねだんを下のようにね上げしました。ねだんの上がり方が大きいの
は，どちらといえますか。

【20点】

きゅうり（1本）	トマト（1こ）
30円 ➡ 120円	90円 ➡ 180円

答え _____

割合で表すとくらべやすいね。

答え ▶ 95ページ

36 何倍になるかを考える問題

1 青い積み木の重さは480gで，赤い積み木の重さの2倍です。赤い積み木の重さは，緑の積み木の重さの3倍です。緑の積み木の重さは何gですか。

式9点，答え5点【14点】

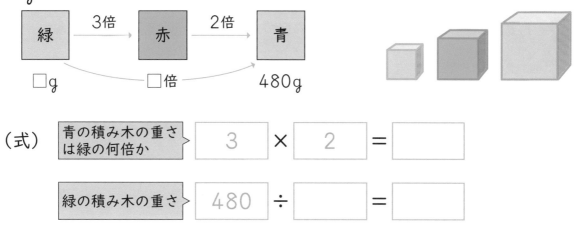

（式）
| 青の積み木の重さは緑の何倍か | 3 | × | 2 | = | |

| 緑の積み木の重さ | 480 | ÷ | | = | |

答え _____

2 つよしさんのお父さんの年令は36才で，つよしさんの年令の4倍です。つよしさんの年令は，弟の年令の3倍です。弟の年令は何才ですか。

式9点，答え5点【14点】

（式）
| お父さんの年令は弟の何倍か | | × | | = | |

| 弟の年令 | | ÷ | | = | |

答え _____

75

3 赤い色紙のまい数は128まいで，青い色紙のまい数の4倍あります。青い色紙のまい数は，黄色い色紙のまい数の2倍あります。黄色い色紙は何まいありますか。

式10点，答え8点【18点】

黄色い色紙の2×4（倍）が128まい！

（式）

答え _____

4 しのぶさんのお父さんの体重は78kgで，しのぶさんの体重の3倍あります。しのぶさんの体重は，妹の体重の2倍あります。妹の体重は何kgですか。

式10点，答え8点【18点】

（式）

答え _____

5 ホテルの高さは108mで，デパートの高さの3倍あります。デパートの高さは，市役所の高さの3倍あります。市役所の高さは何mですか。

式10点，答え8点【18点】

（式）

答え _____

6 ペンケースのねだんは560円で，えん筆のねだんの7倍です。えん筆のねだんは，工作用紙のねだんの5倍です。工作用紙のねだんはいくらですか。

式10点，答え8点【18点】

（式）

答え _____

「何倍の何倍」を先に考えるんだね。

答え ▶ 95ページ

1　けんじさんと弟でお金を出しあって，600円の本を買います。けんじさんは弟より100円多く出すそうです。2人は，それぞれいくら出せばよいですか。

式9点，答え9点【18点】

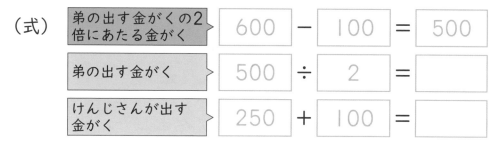

（式）

弟の出す金がくの2倍にあたる金がく	600	－	100	＝	500
弟の出す金がく	500	÷	2	＝	
けんじさんが出す金がく	250	＋	100	＝	

答え　けんじさん　　　　　　，弟

2　180cmのテープを3本に切りました。3本のテープは20cmずつ長さがちがっています。3本のテープを短いほうから順に⑦，④，⑦とするとき，それぞれ何cmですか。

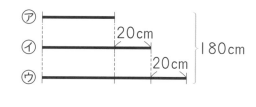

式9点，答え9点【18点】

（式）

⑦の長さの3倍にあたる長さ	180	－		×		＝	
⑦の長さ		÷		＝			
④の長さ		＋		＝			
⑦の長さ	60	＋		＝			

答え　⑦　　　　　　，④　　　　　　，⑦

3 ゆうきさんとえりかさんは、くりひろいであわせて84こひろいました。ゆうきさんはえりかさんより16こ多くひろいました。それぞれくりを何こひろいましたか。　式8点，答え8点【16点】

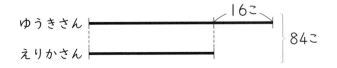

（式）

答え　ゆうきさん　　　　　　　　，えりかさん

4 姉と妹は，120まいの色紙を2人で分けます。姉のまい数のほうが，妹より36まい多くなるようにします。それぞれの色紙の数は何まいになりますか。　式8点，答え8点【16点】

（式）

答え　姉　　　　　　　　　，妹

5 兄と弟が540mLのジュースを2人で飲みました。兄は弟より60mL多く飲みました。それぞれが飲んだジュースの量は何mLですか。　式8点，答え8点【16点】

（式）

答え　兄　　　　　　　　　，弟

6 195cmのリボンを3本に切ります。3本のリボンは15cmずつ長さがちがうようにします。3本のリボンを短いほうから順に㋐，㋑，㋒とするとき、それぞれ何cmですか。　式8点，答え8点【16点】

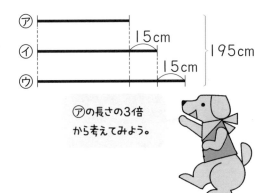

㋐の長さの3倍から考えてみよう。

（式）

答え　㋐　　　　　　　，㋑　　　　　　　，㋒

和と差を見つけられたかな？

答え ▶ 95ページ

共通部分に目をつける問題

1 消しゴム1ことえん筆4本の代金は320円です。消しゴム1ことえん筆3本の代金は260円です。えん筆1本と消しゴム1このねだんは，それぞれいくらですか。

式7点，答え7点【14点】

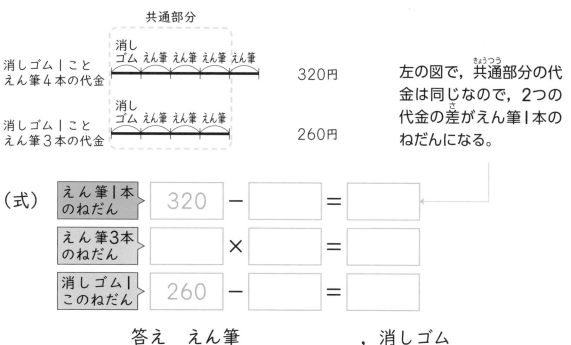

左の図で，共通部分の代金は同じなので，2つの代金の差がえん筆1本のねだんになる。

（式）
えん筆1本のねだん	320	−		=	
えん筆3本のねだん		×		=	
消しゴム1このねだん	260	−		=	

答え　えん筆　　　　　　　，消しゴム

2 大きいおもり2こと小さいおもり4この重さは70g，大きいおもり1こと小さいおもり4この重さは45gです。大，小のおもり1この重さは，それぞれ何gですか。

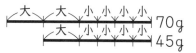

式7点，答え7点【14点】

（式）
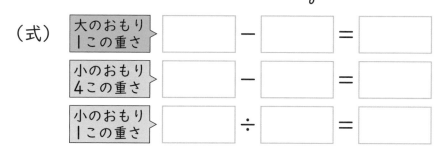

大のおもり1この重さ		−		=	
小のおもり4この重さ		−		=	
小のおもり1この重さ		÷		=	

答え　大のおもり　　　　　　，小のおもり

3 動物園の入園料は，おとな1人と子ども3人では660円で，おとな1人と子ども4人では780円です。おとな1人と子ども1人の入園料は，それぞれいくらですか。　式10点，答え8点【18点】

おとな1人と子ども3人が共通部分だね。

（式）

答え　おとな　　　　　　　　，子ども

4 りんご5こをかごに入れて買うと，かご代も入れて480円です。同じかごに，このりんごを6こ入れて買うと540円です。りんご1このねだんとかご代は，それぞれいくらですか。　式10点，答え8点【18点】

（式）

答え　りんご　　　　　　　　，かご

5 チョコレート2ことガム4この代金は320円，同じチョコレート1ことガム4この代金は240円です。チョコレート1ことガム1このねだんは，それぞれいくらですか。　式10点，答え8点【18点】

（式）

答え　チョコレート　　　　　　　　，ガム

6 大のおもり1こと小のおもり5この重さをあわせると145g，同じ大のおもり2こと小のおもり5この重さをあわせると190gです。大，小のおもり1こには，それぞれ何gですか。　式10点，答え8点【18点】

（式）

答え　大のおもり　　　　　　　　，小のおもり

共通部分はどこかわかったかな？

答え ▶ 96ページ

月　　日

得点

点

1 同じねだんのケーキを3こ買いました。そのあと180円の牛にゅうを1本買ったので，全部で870円使いました。ケーキ1このねだんはいくらですか。

式9点，答え5点【14点】

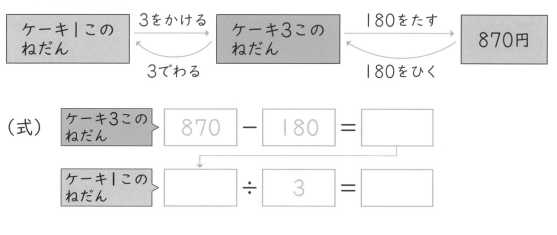

| ケーキ1この ねだん | 3をかける → 3でわる | ケーキ3この ねだん | 180をたす → 180をひく | 870円 |

（式）　ケーキ3この ねだん　| 870 | − | 180 | = |　|

ケーキ1この ねだん　|　| ÷ | 3 | = |　|

答え＿＿＿＿＿＿＿＿＿＿＿

2 たくやさんの家では，買ってきたみかんを家族4人で同じ数ずつ分けました。そのあと，たくやさんは5こ食べたので，残りは8こになりました。買ってきたみかんは，全部で何こありましたか。

式9点，答え5点【14点】

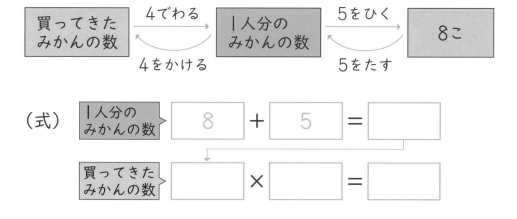

| 買ってきた みかんの数 | 4でわる → 4をかける | 1人分の みかんの数 | 5をひく → 5をたす | 8こ |

（式）　1人分の みかんの数　| 8 | + | 5 | = |　|

買ってきた みかんの数　|　| × |　| = |　|

答え＿＿＿＿＿＿＿＿＿＿＿

3 工作用紙15まいと，580円の色えん筆を1箱買ったら，代金は全部で805円でした。工作用紙1まいのねだんはいくらですか。

（式）
式10点，答え8点【18点】

答え _____

4 ノートを8さつ買いました。20円まけてもらったので，940円はらいました。ノートは，1さつ何円のねだんがついていましたか。

（式）
式10点，答え8点【18点】

答え _____

5 おじいさんからとどいたりんごを，6けんの家で同じ数ずつ分けました。そのあと，となりの家から5こもらったので，全部で29こになりました。おじいさんからとどいたりんごは何こですか。

（式）
式10点，答え8点【18点】

答え _____

6 ゆうじさんは，ひろったどんぐりを友だち8人で同じ数ずつ分けました。そのあと，ゆうじさんは妹に7こあげたので，残りが12こになりました。ひろったどんぐりは，全部で何こですか。

（式）
式10点，答え8点【18点】

答え _____

わからないときは，ことばの式に表そう！最後はまとめテストだよ！

答え ▶ 96ページ

名前

月　日　**10**分

得点

点

1　色紙が196まいあります。7人で同じ数ずつ分けると，1人分は何まいになりますか。　　　　　　　　　　　　　　　　式5点，答え5点【10点】

（式）

答え＿＿＿＿＿＿＿＿＿

2　288ページの本があります。1日15ページずつ読むとすると，読み終わるのに何日かかりますか。　　　　　　　　　　　　式5点，答え5点【10点】

（式）

答え＿＿＿＿＿＿＿＿＿

3　7000本のくぎを，300本ずつふくろに入れていきます。300本入りのふくろは何ふくろできて，何本あまりますか。　式5点，答え5点【10点】

（式）

答え＿＿＿＿＿＿＿＿＿

4　子ども会の215人で遠足に行きます。1人分の交通費は370円です。全員の交通費はおよそいくらになりますか。上から1けたのがい数にして見積もりましょう。　　　　　　　　　　　　　式5点，答え5点【10点】

（式）

答え＿＿＿＿＿＿＿＿＿

5　テープが4mあります。このうち1.05m使いました。残りは何mですか。　　　　　　　　　　　　　　　　　　　式5点，答え5点【10点】

（式）

答え＿＿＿＿＿＿＿＿＿

6 ガソリン1Lで，9.6km走る自動車があります。25Lのガソリンでは何km走りますか。

式5点，答え5点【10点】

（式）

答え _____

7 $5\frac{2}{7}$m²のかべをぬるのに，$\frac{5}{7}$m²ぬり終えました。残りは何m²ですか。

式5点，答え5点【10点】

（式）

答え _____

8 250円のノートを1さつと，1ダース900円のえん筆を半ダース買いました。代金はいくらですか。1つの式に表して，答えを求めましょう。

式5点，答え5点【10点】

（式）

答え _____

9 1まいの工作用紙からカードを15まい作れます。ゆうたさんは工作用紙を12まい，こうじさんは工作用紙を8まい使ってカードを作りました。2人が作ったカードはあわせて何まいですか。1つの式に表して，答えを求めましょう。

式5点，答え5点【10点】

（式）

答え _____

10 まさおさんは750円持ってスーパーマーケットに行きました。みかんを20こ買おうとしましたが，150円たりませんでした。みかん1このねだんはいくらですか。

式5点，答え5点【10点】

（式）

答え _____

答え ▶ 96ページ

① 1けたでわるわり算① 5~6ページ

1	$75 \div 5 = 15$	15本
2	$768 \div 6 = 128$	128こ
3	$208 \div 8 = 26$	26cm
4	$84 \div 3 = 28$	28こ
5	$568 \div 4 = 142$	142まい
6	$840 \div 7 = 120$	120こ
7	$246 \div 6 = 41$	41人
8	$225 \div 9 = 25$	25kg

②アドバイス 等分したときの1つ分の大きさは，わり算で求められます。

まず，問題文の量の関係をことばの式で考え，その式に数をあてはめて計算するとよいでしょう。また，筆算では，何の位から商がたつかに気をつけて計算しましょう。

ことばの式は，次のようになります。

5 画用紙の数÷グループの数
＝1グループ分の数

② 1けたでわるわり算② 7~8ページ

1	$48 \div 3 = 16$	16人
2	$625 \div 5 = 125$	125箱
3	$192 \div 4 = 48$	48本
4	$96 \div 6 = 16$	16日
5	$840 \div 8 = 105$	105束
6	$657 \div 3 = 219$	219ふくろ
7	$216 \div 6 = 36$	36きゃく
8	$320 \div 8 = 40$	40まい

②アドバイス 同じ数ずつ何組かに分けるときも，わり算を使います。**7**のことばの式は，次のようになります。

子どもの人数÷1きゃくにすわる人数
＝長いすの数

商の0に気をつけて計算します。

5
$$\begin{array}{r} 105 \\ 8{\overline{\smash{\big)}\,840}} \\ \underline{8} \\ 40 \\ \underline{40} \\ 0 \end{array}$$

8
$$\begin{array}{r} 40 \\ 8{\overline{\smash{\big)}\,320}} \\ \underline{32} \\ 0 \end{array}$$

③ 1けたでわるわり算③ 9~10ページ

1 $50 \div 3 = 16$ あまり2
1人分は16まいで，2まいあまる。

2 $78 \div 5 = 15$ あまり3
15本取れて，3cmあまる。

3 $67 \div 4 = 16$ あまり3
1箱分は16こで，3こあまる。

4 $760 \div 6 = 126$ あまり4
1組分は126本で，4本あまる。

5 $95 \div 7 = 13$ あまり4
13この植木ばちにまけて，4こあまる。

6 $155 \div 9 = 17$ あまり2
17こ買えて，2円残る。

②アドバイス 商とあまりがそれぞれ何を表しているのかに注意しましょう。

6 $155 \div 9 = 17$ あまり2

商はこ数を表す。　　あまりは金がくを表す。

17 こ買えて，2 円残る。

1 44÷3=14あまり2 　　　15人

2 124÷7=17あまり5 　　　17こ

3 81÷6=13あまり3 　　14きゃく

4 87÷4=21あまり3 　　22まい

5 126÷8=15あまり6 　　16日

6 49÷3=16あまり1 　　16さつ

7 920÷9=102あまり2 102まい

★アドバイス 　あまりをどのようにすればよいかを考えましょう。

3では，あまりの3は，13きゃくの長いすにすわれずに残った人数を表しています。この3人がすわるための長いすがもう1きゃくいるので，長いすは，13＋1＝14で，14きゃくです。

6では，あまりの1は，本だなの残りのすき間を表しています。本のあつさは3cmなので，このすき間には本はならべられません。だから，ならべられる本の数は商の16さつになります。

1 42÷7=6 　　　　　　　　6倍

2 □×5=65
　　□=65÷5=13 　　　　13cm

3 12÷3=4
　　70×4=280 　　　　280円

4 54÷9=6 　　　　　　　　6倍

5 □×3=75
　　□=75÷3=25 　　　　25本

6 □×8=3600
　　□=3600÷8=450 　450m

7 30÷6=5
　　400×5=2000 　2000円

★アドバイス 　「何倍か」は，何倍にあたる数÷もとにする大きさで求められます。

4の大きさの関係を図に表すと，下のようになります。

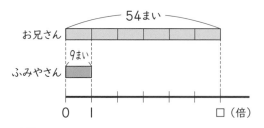

5の大きさの関係を図に表すと，下のようになります。

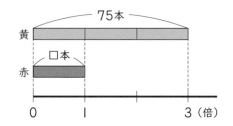

赤いチューリップの数を□本とすると，□×3=75

□にあてはまる数は，75÷3=25と求められます。

7で，かんジュース1本のねだんを求めると，400÷6=66.6…となり，わりきれません。

そこで，かんジュース30本は6本の何倍になっているかを求めると，30÷6=5で，5倍になっています。

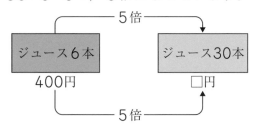

本数が5倍になると，代金も5倍になることから，400×5=2000で，2000円と求められます。

⑥ 1けたでわるわり算の練習　15~16ページ

１　①90÷6=15　　　　　　　　15人

　　②90÷5=18　　　　　　　　18はん

２　86÷4=21あまり2

　　　　　21人に配れて，2本あまる。

３　84÷7=12　　　　　　　　12倍

４　290÷6=48あまり2　48パック

５　300÷7=42あまり6　　　43回

６　1500−114=1386

　　　1386÷7=198　　　　198円

７　□×4=52

　　　□=52÷4=13　　　　　13分

！アドバイス　**５**では，あまりの6は，水そうに残っている6Lの水を表しています。この水をくみ出すのにもう1回くみ出す必要があります。

　６では，ノート7さつの代金は，はらったお金−おつりより，

1500−114

=1386（円）

次に，代金÷ノートの数

=1さつのねだん

を計算します。

```
        1 9 8
  7) 1 3 8 6
      7
      6 8
      6 3
        5 6
        5 6
          0
```

⑦ 2けたでわるわり算①　17~18ページ

１　①78÷26=3　　　　　　　3まい

　　②78÷13=6　　　　　　　6人

２　64÷16=4　　　　　　　　4倍

３　90÷15=6　　　　　　　　6cm

４　126÷18=7　　　　　　　7こ

５　150÷25=6　　　　　　　6こ

６　52÷13=4　　　　　　　　4倍

７　□×14=70

　　　□=70÷14=5　　　　　5頭

！アドバイス　**６**では，もとにする大きさはみかんの数，何倍かにあたる数はかきの数になります。これより，

　かきの数÷みかんの数=何倍

になります。

　７は，まず，ゾウの数を□頭として，かけ算の式に表すと，□×14=70

　あとは，わり算で□にあてはまる数を求めます。

⑧ 2けたでわるわり算②　19~20ページ

１　80÷15=5あまり5

　　　　1人分は5こで，5こあまる。

２　79÷18=4あまり7　　　　5回

３　65÷12=5あまり5

　　　　　5箱できて，5こあまる。

４　130÷18=7あまり4

　　　　1組の人数は7人で，4人あまる。

５　200÷23=8あまり16

　　　　　8まい買えて，16円あまる。

６　86÷16=5あまり6　　　　6列

！アドバイス　商とあまりが，それぞれ何を表しているのかをよく考えます。

３　65÷12=5あまり5

　　　商は箱の数　　あまりはせっけんの数

　　5 箱 できて， 5 こ あまる。

５　200÷23=8あまり16

　　　商はまい数　　あまりは金がく

　　8 まい 買えて， 16 円 あまる。

　６では，あまりの6は，16人ずつ5列すわったときの残りの人数を表しています。この6人がすわるために，もう1列使います。だから，列は，5+1=6で，6列になります。

⑨ 2けたでわるわり算③ 21~22ページ

1 ①420÷28=15 15cm

②420÷35=12 12本

2 540÷45=12 12倍

3 864÷27=32 32こ

4 700÷25=28 28こ

5 900÷36=25 25円

6 288÷18=16 16倍

7 □×24=480

□=480÷24=20 20円

●アドバイス **6**では，もとにする大きさは絵本のページ数，何倍かにあたる数は図かんのページ数になります。

図かんのページ数÷絵本のページ数＝何倍

7はガムのねだんを□円として，かけ算の式に表すと，□×24=480です。

⑩ 2けたでわるわり算④ 23~24ページ

1 510÷19=26あまり16

1箱分は26こで，16こあまる。

2 260÷18=14あまり8 15本

3 670÷25=26あまり20

26本取れて，20cmあまる。

4 652÷14=46あまり8

46列できて，8きゃくあまる。

5 720÷35=20あまり20

1人分は20まいで，20まいあまる。

6 620÷42=14あまり32 15台

●アドバイス **3**では，商ははり金の本数を，あまりは長さを表します。

6では，あまった32人が乗るバスがもう1台いるので，答えは14+1=15で，15台になります。

⑪ 大きな数のわり算 25~26ページ

1 2940÷12=245 245円

2 ①864÷144=6 6箱

②864÷120=7あまり24

7箱できて，24まいあまる。

3 3000−120=2880

2880÷16=180 180円

4 2500÷48=52あまり4 53回

5 900÷148=6あまり12 6こ

6 1850÷125=14あまり100

14本できて，100mあまる。

●アドバイス わられる数やわる数が大きくなると，計算がむずかしくなります。とちゅうの計算をていねいにして，ミスをしないようにしましょう。

1の筆算は，右のようになります。商は百の位からたちます。

```
      2 4 5
1 2)2 9 4 0
    2 4
    ─────
      5 4
      4 8
      ─────
        6 0
        6 0
        ─────
          0
```

3では，まずノート16さつの代金を求めます。

代金は，はらったお金−おつりより，3000−120=2880（円）になります。次に，

代金÷ノートの数=1さつのねだんを計算します。

4，**5**では，あまりをどのようにするかを考えます。

4は，あまった4この荷物を運び出すのにもう1回かかるので，答えは53回になります。**5**は，あまった12円ではシュークリームは買えないので，答えは6こになります。

12 2けたでわるわり算の練習 27~28ページ

1 ①84÷12=7　　　　7ふくろ

②84÷21=4　　　　4こ

2 500÷98=5あまり10

5こ買えて，10円あまる。

3 456÷57=8　　　　8倍

4 270÷18=15　　　　15本

5 630÷24=26あまり6　　26束

6 232÷16=14あまり8　　15日

7 □×25=350

□=350÷25=14　　14L

8 1625÷25=65　　　　65円

◯アドバイス **6**では，あまった8ページを読むのにもう1日かかるので，14+1=15で，15日になります。

13 わり算のきまり① 29~30ページ

1 800÷200=4　　　　4組

2 6400÷400=16　　　16人分

3 6000÷500=12　　　12倍

4 900÷300=3　　　　3こ

5 6800÷200=34　　　34箱

6 9100÷700=13　　　13回

7 7200÷400=18　　　18日

8 1600÷800=2　　　　2倍

◯アドバイス わり算では，わられる数とわる数を同じ数でわっても，商は変わりません。

5は，わられる数とわる数を100でわって計算します。

筆算では，わられる数とわる数の終りにある0を2こずつ消して計算します。

```
        3 4
200)6800 0
      6
      8 0
      8 0
        0
```

14 わり算のきまり② 31~32ページ

1 1400÷300=4あまり200

4つの学校に配れて，200こあまる。

2 1600÷500=3あまり100

1人分は3まいで，100まいあまる。

3 7500÷200=37あまり100

37箱できて，100本あまる。

4 9300÷400=23あまり100

1ふくろは23本で，100本あまる。

5 8700÷700=12あまり300

12こ買えて，300円残る。

6 9400÷600=15あまり400

1この植木ばちには15gまけて，400gあまる。

◯アドバイス あまりには，消した0の数だけ0をつけます。

3
```
          3 7
200)7500 0
      6
      1 5
      1 4
        1 0 0
```

15 算数パズル 33~34ページ

① ひよこ
★火の横にくるので，ひよこです。

② うきわ
★うきわは，カナヅチ（泳げない人）が入ります。

1 ①200+600+400=1200
　　　　　　およそ1200円
　②300+700+400=1400
　　　　　　およそ1400円
　③200+600+300=1100
　　　　　　およそ1100円

2 ①1400+1700=3100
　　　　　　およそ3100人
　②1700-1100=600
　　　　　　およそ600人

3 ①10000+20000+18000
　　=48000　およそ48000人
　②20000-18000=2000
　　　　　　およそ2000人

4 ①300+500+200+300
　　=1300　　　およそ1300円
　②330+460+190+280
　　=1260　　　およそ1260円
　③320+460+190+270
　　=1240
　　1200円より多いから，くじ引きができる。

●アドバイス　四捨五入するときは，次のようになります。
　0，1，2，3，4➡切り捨てる
　5，6，7，8，9➡切り上げる
　答えでは，およそや約を使って表します。**4**の①は，百の位までのがい数にして計算します。②は，十の位までのがい数にして計算します。③は，一の位を切り捨てて，十の位までのがい数にして計算します。

1 ①700×40=28000
　　　　　　およそ28000円
　②500×40=20000
　　　　　　およそ20000円
　③60000÷40=1500
　　　　　　およそ1500円
　④30000÷40=750
　　　　　　およそ750円

2 200×300=60000
　　　　　　およそ60000円

3 700×60=42000
　　42000m=42km　およそ42km

4 8000÷20=400 およそ400円

5 30000÷600=50 およそ50こ

●アドバイス　　上から1けたのがい数にするときは上から2けた目の数字を四捨五入します。
　計算するときは，0の数に気をつけましょう。ここでは，わられる数とわる数をどちらも上から1けたのがい数にして計算します。
　このしかたのほかに，わられる数を上から2けたのがい数に，わる数を上から1けたのがい数にして計算しかたもあります。
　このやりかたで，**1**の③，④を見積もると，次のようになります。
1の③　56000÷40=1400
　　上から2けたの　上から1けたの
　　がい数にする。　がい数にする。
　④　32000÷40=800

1　2.43+1.25=3.68　　3.68L
2　2.67+3.85=6.52　　6.52m
3　0.48+6.92=7.4　　7.4kg
4　2.283+0.772=3.055

　　　　　　　　　　3.055km
5　2.57+1.74=4.31　　4.31L
6　1.35+0.68=2.03　　2.03m
7　13.74+8.26=22　　22km
8　4.75+0.275=5.025

　　　　　　　　　　5.025kg

●アドバイス　3, 7の筆算は, 下のようになります。小数点より右にある0を消して, 3は7.4kg, 7は22kmと答えます。

```
3    0.4 8      7    1 3.7 4
   + 6.9 2         +   8.2 6
     7.4 0          2 2.0 0
```

1　3.85−1.42=2.43　　2.43L
2　4.53−2.78=1.75　　1.75m
3　7.5−1.65=5.85　　5.85kg
4　3.465−0.68=2.785

　　　　　　　　　　2.785km
5　1.52−0.65=0.87　　0.87kg
6　7.2−5.46=1.74　　1.74m
7　5−0.83=4.17　　4.17kg
8　8−0.095=7.905　　7.905km

●アドバイス　3, 7の筆算は, 次のように, ひかれる数の右に0をつけたして計算します。

```
3    7.5 0      7    5.0 0
   − 1.6 5         − 0.8 3
     5.8 5          4.1 7
```

1　2.8×4=11.2　　11.2L
2　3.4×16=54.4　　54.4m
3　1.65×9=14.85　　14.85kg
4　2.9×7=20.3　　20.3km
5　4.2×15=63　　63L
6　12.8×75=960　　960km
7　6.45×37=238.65　238.65kg

●アドバイス　4では, 1週間は7日なので, 式は2.9×7になります。

5は, 何倍かにあたる数を求めます。次の式にあてはめて計算します。

もとにする大きさ×何倍＝何倍かにあたる数
　4.2L　　　15倍　　　63L

6の筆算は, 右のようにします。

```
     1 2.8
   ×   7 5
     6 4 0
   8 9 6
   9 6 0.0  ←0を消して,
            960とする。
```

1　5.6÷4=1.4　　1.4L
2　76.8÷12=6.4　　6.4m²
3　9.18÷6=1.53　　1.53kg
4　4.2÷7=0.6　　0.6kg
5　7.56÷7=1.08　　1.08m
6　25.2÷18=1.4　　1.4dL
7　2.4÷3=0.8　　0.8m

●アドバイス　4では, 1週間は7日なので, 式は4.2÷7になります。

7は, 緑のテープの長さを□mとしてかけ算の式に表すと,

　　□×3=2.4
　　□=2.4÷3=0.8(m)

㉒ 小数のわり算②　47~48ページ

1　$21.5 \div 3 = 7$ あまり 0.5
　　　　　7本取れて，0.5mあまる。

2　$19 \div 6 = 3.1\overset{2}{\cancel{6}}\cdots$　およそ3.2dL

3　$45.6 \div 7 = 6.5\cancel{1}\cdots$　およそ6.5L

4　$73.5 \div 4 = 18$ あまり 1.5
　　　18ふくろできて，1.5kgあまる。

5　$35 \div 4 = 8.75$　　　　8.75dL

6　$2.4 \div 5 = 0.48$　　　　0.48kg

7　$61.5 \div 9 = 6.83\cdots$　およそ6.8m

アドバイス　あまりのある計算では，あまりの小数点は，わられる数の小数点にそろえてうちます。

1
$$\begin{array}{r} 7 \\ 3\overline{)2\ 1.5} \\ 2\ 1 \\ \hline \end{array}$$
0を書く→ 0.5

㉓ 小数の倍　49~50ページ

1　①$24 \div 20 = 1.2$　　　1.2倍
　　②$8 \div 20 = 0.4$　　　0.4倍

2　$1000 \div 400 = 2.5$　　2.5倍

3　$1300 \div 500 = 2.6$　　2.6倍

4　$400 \div 500 = 0.8$　　0.8倍

5　①2.5倍　　②1.4倍

アドバイス　倍を表す数が小数になることもあります。1より小さい倍についても学びます。もとにする量を正しく読み取り，式に表すことが大切です。

5　数直線のいちばん小さい1目もりは1を10にわけた1つ分だから0.1を表します。緑の色えん筆の長さを1とすると，青の色えん筆は2.5，黄の色えん筆は1.4の大きさになります。

㉔ 分数のたし算　51~52ページ

1　$\dfrac{4}{5} + \dfrac{3}{5} = \dfrac{7}{5}\left(= 1\dfrac{2}{5}\right)$　$\dfrac{7}{5}$L$\left(1\dfrac{2}{5}$L$\right)$

2　$1\dfrac{2}{4} + \dfrac{3}{4} = 1\dfrac{5}{4} = 2\dfrac{1}{4}$　$2\dfrac{1}{4}$m$\left(\dfrac{9}{4}$m$\right)$

3　$\dfrac{5}{9} + \dfrac{8}{9} = \dfrac{13}{9}$　　$\dfrac{13}{9}$L$\left(1\dfrac{4}{9}$L$\right)$

4　$\dfrac{9}{7} + \dfrac{4}{7} = \dfrac{13}{7}$　　$\dfrac{13}{7}$m²$\left(1\dfrac{6}{7}$m²$\right)$

5　$1\dfrac{2}{6} + \dfrac{5}{6} = 2\dfrac{1}{6}$　$2\dfrac{1}{6}$時間$\left(\dfrac{13}{6}$時間$\right)$

6　$4\dfrac{7}{8} + 3\dfrac{6}{8} = 8\dfrac{5}{8}$　$8\dfrac{5}{8}$m²$\left(\dfrac{69}{8}$m²$\right)$

アドバイス　帯分数で答えるとき，分数部分の和が仮分数になったときは，帯分数になおして，整数部分に1くり上げます。

2　$1\dfrac{2}{4} + \dfrac{3}{4} = 1\dfrac{5}{4} = 2\dfrac{1}{4}$

㉕ 分数のひき算　53~54ページ

1　$\dfrac{8}{5} - \dfrac{4}{5} = \dfrac{4}{5}$　　　　$\dfrac{4}{5}$kg

2　$2\dfrac{1}{3} - \dfrac{2}{3} = 1\dfrac{4}{3} - \dfrac{2}{3} = 1\dfrac{2}{3}$
　　　　　　　　　　$1\dfrac{2}{3}$m$\left(\dfrac{5}{3}$m$\right)$

3　$3 - \dfrac{5}{6} = 2\dfrac{6}{6} - \dfrac{5}{6} = 2\dfrac{1}{6}$
　　　　　　　　　　$2\dfrac{1}{6}$m²$\left(\dfrac{13}{6}$m²$\right)$

4　$\dfrac{9}{7} - \dfrac{3}{7} = \dfrac{6}{7}$　　　　$\dfrac{6}{7}$L

5　$2\dfrac{1}{5} - \dfrac{4}{5} = 1\dfrac{2}{5}$　$1\dfrac{2}{5}$kg$\left(\dfrac{7}{5}$kg$\right)$

6　$3 - 1\dfrac{3}{4} = 1\dfrac{1}{4}$　　$1\dfrac{1}{4}$m²$\left(\dfrac{5}{4}$m²$\right)$

7　$2\dfrac{2}{9} - 1\dfrac{7}{9} = \dfrac{4}{9}$　　　$\dfrac{4}{9}$km

アドバイス

6　$3 - 1\dfrac{3}{4} = 2\dfrac{4}{4} - 1\dfrac{3}{4} = 1\dfrac{1}{4}$

整数と仮分数をあわせた形で表す。

26 計算の順じょ① 　　55~56ページ

1　$500-(180+140)=180$
　　　　　　　　　　　　180円

2　$600-(560-15)=55$　　55円

3　$800-(590+120)=90$　90円

4　$264-(45+106)=113$
　　　　　　　　　　　113ページ

5　$500-(460-5)=45$　　　45円

6　$900-(700-15)=215$
　　　　　　　　　　　　215円

● アドバイス　ことばの式をつくり，その式に数をあてはめて式をつくります。ひとまとまりとみるところを（　）を使って表し，（　）の中を先に計算します。

27 計算の順じょ② 　　57~58ページ

1　$45×(16+12)=1260$
　　　　　　　　　　　　1260円

2　$760÷(35+60)=8$　　　8組

3　$13×(23+25)=624$
　　　　　　　　　　　　624まい

4　$(45+30)×27=2025$
　　　　　　　　　　　　2025円

5　$570÷(25+13)=15$　　15組

6　$(164+84)÷8=31$　　31人

● アドバイス

4　| 1人分の費用 | × | 人数 | = | 全部の費用 |
　　　45+30　　　　27

ひとまとまりとみて，（　）を使って表す。

6　| 全部のみかんの数 | ÷ | 1人分の数 | = | 配れる人数 |
　　　164+84　　　　　8

ひとまとまりとみて，（　）を使って表す。

28 計算の順じょ③ 　　59~60ページ

1　$500-95×5=25$　　　　25円

2　$125×4+180=680$　680円

3　$600-145×4=20$　　　20円

4　$420-14×26=56$　　　56本

5　$80×6+130=610$　　610円

6　$23×16+32=400$　　400cm

● アドバイス　式の中のかけ算は，ひとまとまりとみて，（　）を省いて書き，たし算やひき算より先に計算します。

3　$600-\boxed{145×4}$
　$=600-\boxed{580}$←先にかけ算を計算
　$=20$←次にひき算を計算

29 計算の順じょ④ 　　61~62ページ

1　$180+540÷2=450$
　　　　　　　　　　　　450円

2　$600-300÷2=450$
　　　　　　　　　　　　450円

3　$200+960÷2=680$
　　　　　　　　　　　　680円

4　$260+500÷2=510$
　　　　　　　　　　　　510円

5　$500-510÷2=245$
　　　　　　　　　　　　245円

6　$700-720÷3=460$
　　　　　　　　　　　　460円

● アドバイス　式の中のわり算は，かけ算と同じように，ひとまとまりとみて，（　）を省いて書き，たし算やひき算より先に計算します。

3　$200+\boxed{960÷2}$
　$=200+\boxed{480}$←先にわり算を計算
　$=680$←次にたし算を計算

30 計算の順じょ⑤　　63~64ページ

1　120×4+79×3=717
　　　　　　　　　　717円

2　300÷(3×4)=25　　25箱

3　120×4+95×3=765
　　　　　　　　　　765円

4　18×48+12×34=1272
　　　　　　　　　　1272人

5　840÷(4×6)=35　　35箱

6　600÷4×9=1350　1350円

31 計算のきまり　　65~66ページ

1　①(6+4)×7=70　　　70こ
　　②6×7+4×7=70　　70こ

2　27+58+73=27+73+58
　=100+58=158　　　158cm

3　(98×25)×4=98×(25×4)
　=98×100=9800　　9800円

4　①(125+75)×8=1600
　　または，125×8+75×8=1600
　　　　　　　　　　　1600円
　　②(125−75)×8=400
　　または，125×8−75×8=400
　　　　　　　　　　　400円

5　(348+152)×12=6000
　　または，348×12+152×12=6000
　　　　　　　　　　　6000円

6　8.7+6.8+3.2=8.7+(6.8+3.2)
　=8.7+10=18.7　　　18.7dL

7　125×15×8=125×8×15
　=1000×15=15000
　15000g=15kg　　　　15kg

🖊アドバイス　4①，5は，(■+●)
×▲の式を使うと計算がかんたんなんです。

32 算数パズル　　67~68ページ

1　はち
　ふくろう➡70−378÷7=16
　はち　➡2+120÷5=26
　くま　➡140+181−297=24
★「二四が8」なので，はちです。

2　とうもろこし
　なす➡7+18×6−87=28
　トマト➡7+32−126÷9=25
　とうもろこし➡7×14−816÷12=30
　にんじん➡7×19×4−503=29
★とうもろこしは英語で「コーン」
　で，きつねのなき声も，"コーン"。

33 変わり方①　　69~70ページ

1　①7，6，5，4，3
　　②□+○=8　　　③2cm

2　①37，38，39，40，41，42
　　②□+27=○　　　③28才

3　①11，10，9，8，7，6
　　②□+○=12　　　③3本

4　①2，3，4，5，6
　　②□+1=○　　　③15回

34 変わり方②　　71~72ページ

1　①4，8，12，16，20
　　②□×4=○　　　③64cm

2　①14，28，42，56，70
　　②14×□=○　　　③8まい

3　①4，8，12，16，20
　　②□×4=○　　　③17だん

4　①7×□=○　　　②12m

35 かんたんな割合 73~74ページ

1 ①ゴムA　30÷10=3　　　　3倍
　　　ゴムB　40÷20=2　　　　2倍
　　②ゴムA

2 ヒマワリB

3 ①25×3=75　　　　　　　　75L
　　②□×15=75,75÷15=5　　5L

4 きゅうり

●アドバイス　**2**は，ヒマワリＡ(エー)が
30÷15=2（倍），
ヒマワリＢ(ビー)が20÷5=4（倍）のびたの
で，ヒマワリBのほうがよくのびたと
いえます。

　3②は，水そうAの水の量を□Lと
すると，□×15=75，
□=75÷15=5（L）

　4は，きゅうりが，120÷30=4
（倍），トマトが，180÷90=2（倍）な
ので，きゅうりのほうがねだんの上が
り方が大きいといえます。

36 何倍になるかを考える問題 75~76ページ

1 3×2=6
　480÷6=80　　　　　　　　80g

2 3×4=12
　36÷12=3　　　　　　　　　3才

3 2×4=8
　128÷8=16　　　　　　　16まい

4 2×3=6
　78÷6=13　　　　　　　　13kg

5 3×3=9
　108÷9=12　　　　　　　　12m

6 5×7=35
　560÷35=16　　　　　　　16円

●アドバイス　　　　**3**は，図に表すと次
のようになります。

黄 —2倍→ 青 —4倍→ 赤
□まい　　　　　　　　128まい
　└────□倍────┘

6は，ペンケースのねだんは工作用紙
のねだんの，5×7=35で，35倍にな
ることから，求(もと)められます。

37 ちがいに目をつける問題 77~78ページ

1 600−100=500
　500÷2=250
　250+100=350
　　　けんじさん350円，弟250円

2 180−20×3=120
　120÷3=40
　40+20=60
　60+20=80
　　⑦40cm，⑦60cm，⑦80cm

3 84−16=68
　68÷2=34
　34+16=50
　ゆうきさん50こ，えりかさん34こ

4 120−36=84
　84÷2=42
　42+36=78
　　　　姉78まい，妹42まい

5 540−60=480
　480÷2=240
　240+60=300
　　　兄300mL，弟240mL

6 195−15×3=150
　150÷3=50
　50+15=65
　65+15=80
　　⑦50cm，⑦65cm，⑦80cm

1　320−260=60
　60×3=180
　260−180=80
　　　　　えん筆60円, 消しゴム80円

2　70−45=25
　45−25=20
　20÷4=5
　　　　　大のおもり25g, 小のおもり5g

3　780−660=120
　120×3=360
　660−360=300
　　　　　おとな300円, 子ども120円

4　540−480=60
　60×5=300
　480−300=180
　　　　　りんご60円, かご180円

5　320−240=80
　240−80=160
　160÷4=40
　　　　　チョコレート80円, ガム40円

6　190−145=45
　145−45=100
　100÷5=20
　　　大のおもり45g, 小のおもり20g

アドバイス　3の共通部分は, おとな1人と子ども3人の入園料です。子ども1人の入園料は,
780−660=120(円)

5の共通部分は, チョコレート1こ＋ガム4この代金です。チョコレート1このねだんは, 320−240=80(円)
ガム4この代金は, 240−80=160(円)です。

1　870−180=690
　690÷3=230　　　　　230円

2　8+5=13
　13×4=52　　　　　52こ

3　805−580=225
　225÷15=15　　　　　15円

4　940+20=960
　960÷8=120　　　　　120円

5　29−5=24
　24×6=144　　　　　144こ

6　12+7=19
　19×8=152　　　　　152こ

アドバイス　4を図で表すと,

1　196÷7=28　　　　　28まい

2　288÷15=19あまり3　　20日

3　7000÷300=23あまり100
　23ふくろできて, 100本あまる。

4　400×200=80000
　　　　　およそ80000円

5　4−1.05=2.95　　　　2.95m

6　9.6×25=240　　　　240km

7　$5\frac{2}{7}-\frac{5}{7}=4\frac{4}{7}$　　$4\frac{4}{7}$m²$\left(\frac{32}{7}\text{m}^2\right)$

8　250+900÷2=700　　700円

9　15×12+15×8=300
　または, 15×(12+8)=300
　　　　　300まい

10　750+150=900
　900÷20=45　　　　　45円